造园实录

Craft of Three Gardens:
An Architect's Practice in Guangxi

容园
椭园
竹可轩·虎房

王宝珍 著

同济大学出版社
TONGJI UNIVERSITY PRESS

目录

园林巧于'因''借'，精在'体''宜'，愈非匠作可为，亦非主人所能自主者，须求得人，当要节用。

——《园冶》

序

——

董豫赣

1

去年中，京都游园归途，就接到曾仁臻电话，说是秦蕾已确认他《幻园》一书的排版，单缺我应过的序，他口气委婉，让我不急。

晚上到家，就接到秦蕾电话，询问我许过的《玖章造园》的书稿情况，语气一样委婉，一样让我不急。秦蕾说她此刻就在南宁我设计的膝园内，正与吴洪德、张翼一起，为王宝珍在广西建成的几处园林，构谋一本《造园实录》的书稿，并预约我将来为宝珍这本书写序。

我忽然有些恍惚，秦蕾同时主持的这三本书稿，或幻或实，但都相关园林，而其间相关的人事，或直接或间接，也都与北大建筑学中心有些关联。

秦蕾的先生扬帆，曾是张永和特批先招后考的特招生，我大概就是那时与秦蕾相识；吴洪德本是张永和的学生，张永和去麻省就职时，将他过继给我，吴洪德理论的视野，当时就让我自叹不如；随后携艺而来的张翼，其教学的天赋，也为我所难及；在他俩当间的王宝珍，那时还没显示出过人之处，其性格倒格外鲜明，与那时坚持来周四组课旁听的曾仁臻颇为类似，认真而琐碎，温和而顽固。

2

去年末，与王欣在中央美院讲座时相遇，谈及宝珍最近被热议的那几个造园项目，忆及这几个项目的甲方许兵，王欣说，他跟许兵也很做了几年项目，却一无所建，很有些幽怨许兵偏心的调侃情绪。我安抚王欣说，我在许兵的园子里，以项目的名义，过过六个春节，但也只建成一个几十平方米的膝园，与半截西江露台的座椅（图1），那半截露台，还是宝珍在我这里读书时所督造完成。最近，

听许兵说，他已将宝珍的设计，介绍给他澳洲的朋友们，还听说，相比于他们曾请过的澳洲建筑师，他们更被宝珍的设计所振奋。

私下里，我曾问许兵青睐宝珍的缘由：是被他的诚恳感动？还是被他的才气打动？抑或只是对他固执性格的无奈妥协？

许兵沉思良久，含蓄地笑笑，说是恐怕都有，缺一不可。

过了一会，他补充了一条，说在这个年代，宝珍是罕见的有理想之人。

3

第一次听见宝珍的声音，并不愉快。不是因为他浓厚的河南方言，而是他清晨的电话吵醒了我，他略显紧张地告诉我，他落选了北大建筑学中心的复试名单，他与另一考生，总分并列第八，他两门专业，都高过对方，而对方以英语政治的对等优势，进入 8 人的复试名单。他沉默了会，哽咽地表述了他想来北大念书的愿望。

我对他这愿望，毫无兴趣，但觉他这情况，有些难堪，按张永和创建这中心的意旨，大概也宁要专业好些的人才吧。我一向绝不沾惹这类人事，或是他的叙述，磊落诚恳，不像申辩，也不带怨气，就起身给办公室很打了几通电话。

最终的方案似乎是，复试名单扩充到 9 名，录取人数不变，还是 6 人。

我不记得他如何被录取的，也不记得他如何归入我门下的，即便张永和在中心的那些不拘一格的朝气时光，像他这种以末名录取的复试案例，与我们将头名淘汰的那次案例一样，都不常见。

大概不会只因他的诚恳。

4

来我这里读书的头两年，在他那些才华横溢的师兄弟间，他并未展现出过人之处。有次随我去清水会馆，回程听他在背后与同学嘟囔，说这叫我们还怎么做，语气颇为沮丧。

他的沮丧，只是假象，或是我的建筑，激发了他的好胜心，或是他毕业论文选择的两位建筑师——哈桑·法赛以及拉瑞·贝克的建筑，共振了他本有的工艺天赋，他开始挑选清水会馆他最喜爱的空间片段，打着抄袭的幌子，进行改造，并在周四组课上，逐次展示。刚开始，我还能看出他改造的空间原型，过了几轮，他展现出的掌控材料表现的天赋（图 2），就呈现出让我既陌生又震惊的空间意象。

直到那时，我才将他与高一届的吴洪德，以及低一届的张翼，视为并驰中心的一时之才，且绝不重叠。宝珍所展现的建筑天分，既让我欣慰，也让我嫉妒。

| 图 2：砖系列设计

毕业后，他在方寸园与椭园里小试的建筑才华（图 3），我毫不意外，却对他将它们强名为园，不以为然，在我看来，它们是建筑庭，而非山水园。待到他的容园初造，我才真正吃惊，即便从掇山理水而言（图 4），其娴熟程度，像是浸淫多年，而他在我这里的那三年，即便崭露过才华，也只是材料表现的建筑能事，至于他最近几年表现出的造园天分，当时竟征兆全无。

我自信我的滕园，在造园技艺方面并不输于容园，但两个园子的规模悬殊，让我假设交换项目而为时，忽然就失去了自信。

5

相比于他毕业时设计的那些纸上空间的华丽，他最初建造的那两个小项目，有着让我欣慰的克制。

当初，我既嫉妒他那些纸上空间的奇想，也警惕它们近乎巴洛克的无度表现，这两种情绪，一度错综成激烈的批评。他以清水会馆圆厅为原型改造的一座庙宇，其内空间华美得让我失去褒贬依据，就聚焦于其玄关的古怪，为让人铭记其空间前序，他将门厅甬道，挖成危险的壕沟，并以侧壁上交错的凹坑，取代通途（图 5），我气急而乐，一面想象信徒们叉脚两壁的壁行古怪，一面讥讽宝珍对建筑规范的毫不知情，刻薄到他惴息汗下，我严厉地警告他，不要以古怪来冒充想象，他面红耳赤，点头认错。

我并未将他的认错当真，在他崭露才华之前，他最先崭露的，就是他的顽冥不改。果然，待我气息稍平，他神情还有余畏，就目光坚定地向我发问：

董老师，我很想知道——中国古代的庙宇，为何多半建在难以攀爬的悬崖峭壁上？

我看不上他这简陋的暗度陈仓，还是以计成的"虽由人做，宛自天开"回答他，既然是人做建筑，就需尽量符合人的栖居惬意，若刻意模仿自然的险峻，倒成形骸末事了，他再次点头称是，我再次不相信，他就这样被我说服。

6

我与许兵，都曾以为说服过他。

| 图 3-a(上左）：方寸园
| 图 3-b（上中）：椭园
| 图 3-c（上右）：椭园
| 图 4-a（中左）：容园小石潭
| 图 4-b（中右）：容园小山峡
| 图 5（下左）：山涧庙
| 图 6（下右）：曲复廊

容园土建刚完，许兵忧心忡忡地找到我，投诉宝珍的顽固。我向许兵推荐宝珍时，并未料到要成为他们之间的调解人。

问题出在容园曲廊的结构。

曲廊的曲墙形（图6），据宝珍讲，能担保自身坚固稳定，就有省去构造柱的经济性——这是其坚固、实用的起兴由头；而以独立的细钢柱支撑廊顶，就能解放这面曲墙绵延的表现性，它完全不必承担厚重屋顶的任何重量，而屋顶的厚重，则是宝珍试图以屋顶种植池遮蔽高楼俯瞰的屏俗结果。

这结果，颇让结构专业出身的许兵不安，他向我陈情担忧，钢柱在南宁潮湿气候里的腐蚀，既难免也难察，他就总是被曲廊重顶毫无征兆的坍塌噩梦所困扰，他以结构专业的角度游说宝珍，每次都以为说服了他，事后都发现全无作用。

许兵以为，宝珍最敬重我，应该会听我的。结果却也一样，宝珍对我有时长达数小时的各类建筑建议，总是态度诚恳地表示认同，但也从无妥协的意思。我渐渐声色俱厉，我责备他以曲墙自身坚固的形状，兜售并不坚固的曲墙花格的视觉表现力，我质问他，这与他曾鄙视的那些只剩视觉表现的建筑有何区别？

他诺诺不能辩，曲廊却还是照他的样子建造起来。它们绵延的曲折光影，竟如绸缎般动人，尽管我至今还很有些口诽腹议，有时也难免自问——我过于权衡坚固实用然后美观的秩序，恐怕也就难以造出如此有表现力的单纯造型吧。

大概一年前，宝珍却忽然开始检讨这处曲廊，说是他也开始做许兵类似的噩梦了，他才开始认真计划修正此事。

7

在这堵曲廊里，我能看见宝珍的偏执，却未见他的理想。

宝珍对那些把持理想的建筑师，充满向往。当初，他选择以哈桑·法赛以及拉瑞·贝克的建筑为毕业论文，他对这两位贵族出身，却坚持为普通人建造低造价建筑的立场，颇为感动，他的感动，闪烁在他厚厚的镜片背后，为打住他常常盈眶的热泪，我冷漠地告诫他，为谁盖房子，只需表明立场，而能否盖好房子，才涉及到专业能力，若建筑中心不依专业而以立场招生，或许当初复试落选的就该是他。

毕业后，宝珍返校向我介绍他的第一次实践，连我都有些感动，这感动，并非他的零设计费，这类起步时不计代价的热忱，当年我也有，但只有几千块钱造价的这个项目，恐怕我当初就会迟疑它实现的可能性。但我也并不就此同情这极低的造价，我对他在幻灯片上标注渣土砖价格冷嘲热讽，以为无论是哈桑·法塞还是拉瑞·贝克的建筑，若不动人，而只剩便宜，就不值学习；我对他在照片旁标注傻瓜相机拍摄字样，也极尽挖苦之能事，以为这正是过于在意视觉的证据。我所感动的照片，

| 图 7-a：方寸园夏夜主人生活
| 图 7-b：方寸园基地原状

正是甲方夜间用手机拍摄的一张模糊场景（图 7-a），从不甚考究的庭桌上罩着的饭菜来看，这片原本简陋的宅前空地（图 7-b），经由宝珍的精心打点，已成为甲方日常生活的惬意场所。

8

从他这次介绍里，我看见宝珍不顾一切的建筑热情，也窥见他对甲方的一丝不满，他说他曾想让甲方种一株碗口粗的庭树，而甲方只从朋友处挖来一株指头粗的细苗，我模糊地感觉到宝珍的失望，他在介绍项目过程中模糊带过的甲方，大概正是我绝不肯打交道的一类甲方，他却毫不犹豫地扑上去，热情始终地完成它们，没有控诉，也没有抱怨。

这大概是我与王欣都不具备的操守，这大概也是许兵青睐宝珍的缘由之一。

王欣的良好修养，使他与甲方的相处，也能如宝珍一样如鱼得水，但有时也与我一样，难免在背后腹诽甲方，而我对甲方的挑剔，更近严苛，且时常当面让甲方难堪。即便我自己是甲方，估计也更愿意与宝珍持续交往吧。

就在宝珍设计的容园一旁，许兵也请我设计过一组小院，大概与容园同时开工，而王欣还曾从许兵那里接到我们几人里最大的项目，是一座位于春霞园的星级酒店，我自己因为这组小院与红砖美术馆的工期冲突，疏于掌控，就自动将这个项目屏蔽在自己的设计之外；而王欣的那个酒店设计，也因项目易主，被王欣主动放弃。

前年暑假，在滕园小住时，顺带看了看容园旁我设计的那几座庭院，它们杂草丛生的模样，很让我唏嘘感慨；再去明秀园小住时，在宝珍当年督造的那截露台旁，隔着西江，我还看见王欣设计的那座即将竣工的庞大酒店。回来对王欣说起此事，王欣很有些不堪回首的神态，坚定地拒绝回去看看的建议。

我有时假设这两个项目交给宝珍的情形，他大概都会不遗余力地贯彻始终。

9

去年，参观宝珍为另一位东家刚建成的园子，甲方执意要让我参观假山里的一个山洞，当发现它位于需匍匐膝行几米的假山尽端时，我怒不可遏，我痛斥宝珍白听了我几年中国园林课——可行、可望、可游、可居的庭园诗意，原本建立在日常生活的基础之上，膝行的反日常，已不可忍，而山洞的尽端，需膝行而返，非但失去游意的自由，简直有悖常伦，即便日本茶室反常的膝行蹦口，宽度不过几公分，一蹲一起之间，也就过去了，我怒斥这个山洞，说是连小狗都不愿再次进入。

宝珍在我的震怒下，怆惶失措，他的甲方，也被我吓得唯诺远退，但都沉默不语。次日，与宝珍独处，再议此事，以为这山洞，大概是他当年执意要在墙壁上凿坑攀行的余孽，就依旧愤愤难平，宝珍沉默良久，终于承认这个山洞的设计，确实有欠考量。

再明日，我从旁听说，这个匍匐山洞，本非宝珍所为，而是甲方自行决定的得意改动。我一时茫然，顿觉前两日的舌箭，都射错了靶子，就迁怒他不当面辩明此事，他忽然就局促起来，语不成句，顾左右而言他。

我不知他坚持为东家掩瑕的习性，到底是心性善良，还是职业操守。

10

回想起来，无论是甲方还是工人，无论是同学还是同事，无论是当面还是背后，我几乎不记得宝珍恶议过任何人。仅有的两次例外，一次是我听来的，一次是我听见的。

毕业前，宝珍曾私下将他那些华丽的设计，参加一项在中国举办的国际竞赛，我是外出讲座时，被一位评委告知，宝珍获了头奖。我还听说，宝珍在领奖时出了洋相，颁奖嘉宾先是祝贺宝珍，接着问他对某位著名建筑师作品的看法，宝珍憋得满脸通红，最后坚定地表态说，他特别不喜欢那人的建筑，他或许还非议了那人的建筑，他当时并不知道，那位建筑师，正是那次竞赛的发起人，而那位颁奖嘉宾，据说正是那位著名建筑师的搭档。

我后来当面调侃宝珍此事，他羞赧地局促着，嘟囔着检讨他的过利语锋，怕是帮我得罪人了，我以张复合导师当时当年对我的训诫回答他——若怕得罪人，就别写文章，也别说话。

但宝珍也并非怕事之人。他的一位领导的亲戚，想考建筑研究生，去问宝珍，清华与北大的建筑，哪个更容易考些，宝珍毫不犹豫地回答说，清华，我猜他并无诽谤清华的意图，他对我讲这件事时，罕见地露出狰狞面目，他对我恶狠狠地比划着说——我觉得这种投机分子，根本不配进北大建筑。他在我面前滑过的手势，毫不掩饰他如驱蚊蝇的嫌恶情绪。

这是我与宝珍交往这些年间，我最感动的时刻。

有时，就会庆幸十年前那个清晨我打了那通电话。

11

两三年前，也是一个清晨，我再一次被电话吵醒，一位考生再次遭遇与宝珍当年类似的情形，他的河南口音，也酷似宝珍。

但我很有些心灰意冷，张永和离开北大的这些年，北大建筑学中心遭遇的起伏不定，使得招生日渐以平稳少事为主，这位考生，就并未重复宝珍当年的情形。

再见宝珍，偶然向他叙及此事，他忽又满脸通红起来，那位口音酷似他的考生，正是他在西建大学建筑的亲弟弟，也正是被他鼓动来考北大建筑学中心的。

我大感错愕，也颇觉震惊，本想问他，为何不提前与我招呼一声，转念一想，这不符他的为人，也不合我的本性。

我有时以为，正是宝珍这类毕业生为中心招生潜在的推荐与拒绝，使得建筑中心在张永和离开的这些年，所招入的学生，虽很少有再让葛明嫉妒的奇才会聚的奇景，但在我的课堂上，把持理想的学生比例，并未减少，持续了十几年的周四组课的质量，也并未下降，若就毕业论文的质量而言，按论文常年评委李兴钢与黄居正的看法，相比于中心初创期的论文，平均水平只升不降。

12

当年那种聚英才而教之的幸福感，那时并不自觉，却被旁观的葛明所总结，他说，那是我教书的最好时光，那也是北大建筑学中心的黄金时代。

随着建筑学中心与景观合而又分的闹剧，建筑学中心元气大伤，原本独立的名称也被取消，正式归入北大城市与环境学院，中心的招生，也从原来每年8人降到6人，最近两年定格到4名时，已使中心的组课，大有难以为继的凋零趋势。

幸而还有学生的理想。头两年毕业的王娟，刚去单位一年，就被嘉奖，却以单位无力教授她更好的设计为由，坚决辞职，重新回到周四组课里；前年毕业的朱曦，其固执很接近宝珍，因自觉还没做好从业准备，就坚持不找工作，早来迟走地耗在中心，比他毕业前还认真地参加组课的一切讨论；去年毕业的杜波，其视野也接近吴洪德，来我这里之前，就颇有创业的能力与愿望，毕业后也决定暂留中心，时常帮我组织组课。他们的存在，虽不能真正掩盖中心人数的凋零，却延续着当年组课以辨明问题为宗旨的激烈学风，也督促着学生们要在组课外全力准备的闭锁氛围。

几天前，就在北大建筑中心的周四组课上，旁观朱曦在组课上语言的犀利，并不亚于张翼，耳听王娟与杜波之间的温和争议，也像是宝珍与曾仁臻的争议重现，我忽然意识到，建筑中心这些年的光芒渐褪，并未从黄金时代褪成全无光泽的黑铁时代，宝珍他们当年相互激辩的学风，依旧持存，我以为这才是建筑学中心名亡实存的学院之风，身处在这批依旧保持理想的学生当中，我依旧还能感到白银时代的安宁与幸运。

三园共话
THREE GARDENS

容園

项目名称：容园

地　　点：广西南宁

占地面积：约2330m²

业　　主：初为8户人家（商品房），后改为公司会所，后又改为私家住所

建 筑 师：王宝珍

结构水电：当地设计人员

设计合作：许先生（甲方）　陈海艺（叠石工长）

设计时间：2008.07—2015.06

施工时间：2008.10—2015.06

施工单位：8拨「游击队」／后期叠石、铺地、栏杆、水池处理等由陈海艺等完成

实景摄影：万　露　翁子添　闫　实　陈录雍　王宝珍

寻闲是福，知享即仙。

——《园冶》

| 景 2：南园·木格大门及影壁（上图）
| 景 3：南园·门房与竹影（摄影：翁子添）（下图）

景4：南园·门房、小石板桥与青溪（摄影：翁子添）

| 景 5：南园·门房、竹林小径与青溪

| 景6：南园 · 曲复廊、小石桥与青溪

景 7：南园·柳复廊，松风处与青溪（摄影：万露）

│ 景 8：南园·曲复廊、松风处、石板桥与青溪

景9：南园·曲复廊、树石隅（青溪西头）与青溪（上图）
景10：南园·曲复廊、松风处与青溪（下图）

| 景 11：南园·曲复廊、松风处、云桌与青溪（摄影：翁子添）

| 景 12：南园 · 曲复廊、松风处、云桌与青溪

| 景 13：南园·曲复廊、风韵亭与青溪

| 景 14：南园·曲复廊、风韵亭与青溪

景 15：南园·曲径幽、竹林写青溪

图 16：南园·曲复廊、门房与青溪

| 景 17：南园·曲复廊、小渚（青溪内一树池）与青溪

| 景 18：南园·曲复廊、含笑里与青溪

| 景 19、20：南园·曲复廊、含笑里与青溪（左图、上图）

| 景 21：南园·曲复廊、门房、石板桥与青溪（上图）
| 景 22：南园·曲复廊、藕香榭与青溪（下图）

| 景 23：南园·曲复廊、含笑里与青溪（上图）
| 景 24：南园·含笑里、影壁、与鱼同饮几（下图）

| 景 25：南园·含笑里、与鱼同饮几、曲复廊（摄影：翁子添）

| 景 26：东园·峭壁、酒曲岩顶、修廊与青溪

| 景 27：东园 · 暗香亭洞口、藕香榭、曲复廊与青溪（左图）
| 景 28：东园 · 峭壁、修廊与青溪（上图）
| 景 29：东园 · 峭壁、山岩、修廊与青溪、青瀑（下图）

景 30：东园·峭壁、山岩、修廊与青溪（摄影：万露）

| 景 31：东园 · 峭壁、山岩、修廊、云悠厅与青溪及小石潭（左图）
| 景 32：东园 · 峭壁、山岩、修廊、云悠厅与小石潭（上图）

| 景 33：东园·云悠厅与小石潭（上图）
| 景 34：东园·峭壁、山岩与小石潭（下图）

景 35：东园·峭壁、山岩、天桥、云悠厅与小石潭（摄影：翁子添）（上图）
景 36：东园·峭壁、山岩、天桥、云悠厅与小石潭（下图）

| 景 37：东园·云悠厅、天桥与小石潭

景 38：东园·峭壁、山岩、天桥与小石潭

景 39：东园·峭壁、山岩、天桥、云悠厅与小石潭

景 40：东园·云悠厅与北池（左图）
景 41：东园·峭壁、山岩、修廊、云悠厅与小石潭（上图）

景 42：东园·峭壁、山岩、修廊、云悠厅与小石潭

| 景 43：东园·峭壁、山岩、修廊与小石潭、青溪、瀑布

| 景 44：东园 · 峭壁、山岩、修廊与小石潭

景45：东园·峭壁、修廊与青溪、小石潭

| 景 46：东园 · 云悠厅与百果隅（上图）
| 景 47：东园 · 峭壁（摄影：万露）（下左）
| 景 48：东园 · 云悠厅、峭壁、山岩、修廊（摄影：翁子添）（下右）

景 49：东园·云悠厅、峭壁、山岩、修廊（摄影：翁子添）（上图）
景 50：东园·水倒影（摄影：翁子添）（下图）

| 景 51：东园·东峭壁（摄影：闫实）（上图）
| 景 52：东园·水倒影（摄影：陈录雍）（下图）

景 53：东园·书房窗

| 景 54、55：东园·酒曲室内（上、下图）

| 景 56：北园·云悠厅与北池（左图）
| 景 57：北园·水倒影（上图）

景 58：北园·云悠厅与北池之冬景（上图）
景 59：北园·小板桥、云悠厅与北池（摄影：万露）（右图）

| 景 60：北园·云悠厅、百果隅与北池（摄影：翁子添）（左图）
| 景 61：北园·临水厅与北池（摄影：翁子添）（上图）

| 景 62：北园·一杆堂、自得亭与北池

景 63：北园 · 一杆堂窗景

景 64：北园·墙边小桥与北池（摄影：万露）（上图）
景 65：北园·掇石（北园高、低水池间的跌水石）（下图）

| 景 66：北园·掇石（北园高水池东部池岸）（上图）
| 景 67：北园·掇石（北园中部石板桥头）（下图）

│ 景 68：北园·掇石（北园高水池西部池岸）

│ 景 69：北园·莲雾云梯与拙石

| 景 70：北园·临水厅与北池 （摄影：翁子添）

| 景 71：北园·半地下室天井的青瀑

| 景 72：北园 · 半地下室泳池与天井青瀑

景 76：西园·小山峡一线天（摄影：万露）

景 77：西园 · 小山峡一线天（摄影：万露）

| 景 78：西园·小山峡一线天

景 79：西园·踏青与寨石朴树

| 景 80：小庭 · 窠石柴扉、朴树

| 景 81：小庭·窠石柴扉、朴树

景 82：小庭·窗洞与树石（摄影：万露）（上图）
景 83：庭院墙洞与竹林（摄影：闫实）（中图）
景 84：小庭·小格栅门（摄影：翁子添）（下图）
景 85：庭院墙洞与窠石、朴树（右图）

| 景 86：容园鸟瞰

总平面图

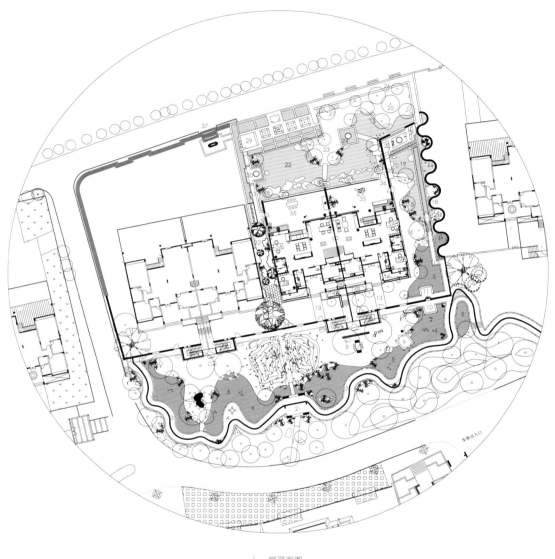

| 一层平面图

2 5   10   20

1.坡道 2.门房 3.曲复廊 4.风韵亭 5.青溪 6.竹林小径 7.松风处 8.含笑里 9.含笑亭 10.藕香榭 11.暗香亭 12.碧云梯
13.小庭院 14.天井（青瀑、石径斜） 15A.北书房 15B.南书房 16.酒曲岩顶 17.修廊 18.哨壁 19.小石潭 20.天桥 21.云悠厅
22.北池 23.半岛 24.响月亭 25.百果隅 26.果隅廊 27.莲雾云梯 28.一杆堂 29.工人房 30.自得亭 31.西廊 32.小山峡一线天
33.踏青 34.襄石柴扉 35.露台 36.逸亭（未实施） 37.含轩（次入口）

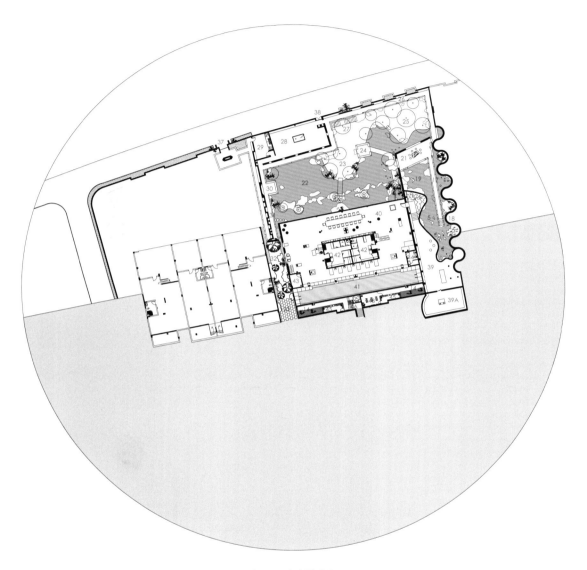

| −2.5m 标高平面图

14.天井（青瀑、石径斜等） 17.修廊 18.峭壁 19.小石潭 21.云悠厅 22.北池 23.半岛 24.响月亭 25.百果隅 26.果隅廊
27.莲雾云梯 28.一杆堂 29.工人房 30.自得亭 31.西廊 32.小山峡一线天 33.踏青 37.含轩（次入口） 38.备用小门 39.酒曲
40.临水厅 41.室内泳池 42.桑拿房 43.设备间 44.公共卫生间及储藏间 45.配电间及储藏间

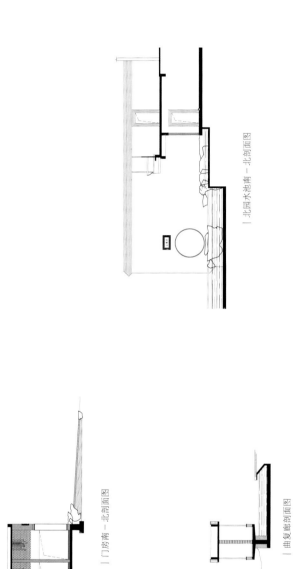

| 北园水池南－北剖面图

| 门房南－北剖面图

| 曲复廊剖面图

1 2.5   5   10

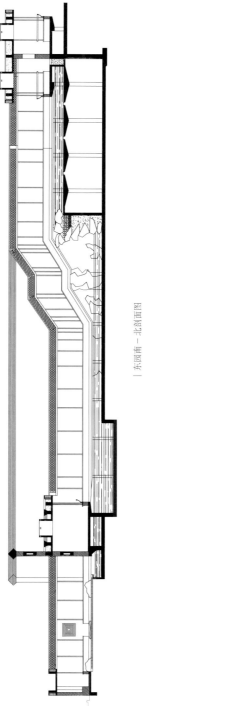

| 东园南－北剖面图

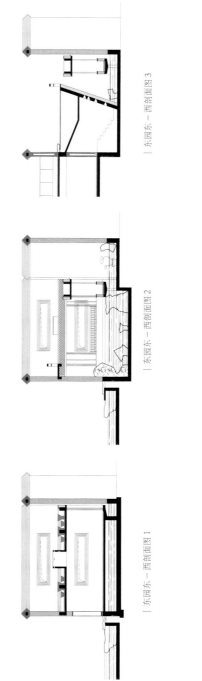

| 东园东－西剖面图 3

| 东园东－西剖面图 2

| 东园东－西剖面图 1

引
子

缘起

初出燕园，无事可做。蒙恩师董豫赣先生引荐，得平生第一个真活儿：广西南宁某小区六栋在建别墅商品房之围墙设计。

沟通

数会甲方（许先生），其文质彬彬，乃一真儒商！或因先前甲方曾多次受董豫赣、童明、葛明、李兴钢、王欣等老师的熏陶，其对中国园林颇有兴趣。我借机提一问题：设计能否将围墙与别墅间空地一并思考？甲方应允了端头两栋别墅内的空地，但提两基本要求：物美价廉、尽快完成设计。

兴致

甲方允许围墙及两栋别墅周围空地一并设计，我高兴之至，随即又忐忑不安：自己的园林修养够么？然时间之紧迫，不容犹豫；只凭昔日腹中点墨，即刻冲锋陷阵。读书期间，对二事尤有兴趣：其一，低技低造价之建造；其二，中国古典园林；并意欲以后者之道驾驭前者之术。前者以硕士毕业论文《低技低造价建造研究》为一小结，并化出种种小设计收于囊中；而后者虽有恩师的言传身教，然在校时未能做深入研究，唯有期许在"以身试法"中学法习艺、读书悟道，"摸着石头过河"时体石察水、丈深量浅，"比葫芦画瓢"后写意比兴、与古为新。

变数

最初甲方明确要求：园子设计必须配合别墅商品房销售，需考虑均好性及产权问题；两栋别墅有八套房（均为南向入口），要求别墅南部大块空地必须为八户共有的公共园子、紧邻建筑可设每户的小私家庭院，北部为私家各分有，东、西、中部之间隙分属相邻之户。故而，园子最初的设计是以八户人家为对象而展开的。待施工小半，园子初露肖容；甲方认为，卖掉可惜，欲留作公司会所之用。待施工过半，园子似有风情，园子真主现矣：许先生觉得做公司会所还是可惜，决定将东边一栋别墅及其南部、北部、东部及中部间隙留作个人私家园子；而西边一栋别墅及其北部和西部空地暂时搁置、不予着力（图8）。

园子几度易主，再加施工断断续续，致使设计修修改改、增增减减，起初令人沮丧，但心绪逐渐平静，只因在修改中发现设计有不少长进，结果，一做就是近七年。截至成文时，逸亭、所有美人靠、云桌坐凳、茶台、嵌墙石、墙嵌镜子、过滤池盖、局部花木等还没有落实，真可谓修园修心。

图 8：基地原状
上左：别墅南侧
上中：别墅南侧
上右：东西别墅间的夹缝
下左：别墅东侧
下右：别墅北侧

得失几何宅园倒叙

宅园并置

考察现存古典私家园林，宅园关系大多成并置之势，或前后并置或左右并置。此势妙得阴阳之道，巧应生活之变：宅子直接街道，主人大多由宅入园（顺叙）；而园子通往街道之出入口，大多为客、佣之用（插叙）。比如：留园今日入口——光绪年间为向公众开放而新辟之作（图9）。

宅园倒叙

考量场地，即将建成的别墅（宅）被围于中间，园子必于别墅周遭展开；依甲方要求，南部园子并非独家所有，乃八户共用之公园，每家均先经公共大门入园，而后穿园进入自家宅子。如此，即形成园包宅之势；其异于传统的宅园并置（顺叙＋插叙），而是宅园倒叙。宅园并置可从容兼顾日常生活之便捷与园林意境之幽深，宅园倒叙就此而言则毫无优势、甚或诱发便捷与幽深之冲突。然以园包宅之倒叙，并非一无是处，利好有三：一、迅速入境；二、宅可最大限度地借景；三、利于甲方的商业操作。

在享受宅园倒叙利好之时，能否从其弊害中突围？此问，即为当初谋篇时的切入点之一。于是，在塑造园林意境的同时，至少提供一条平面意义上较为便捷的路径成为必要之举；而便捷至于园林幽深意境的副作用，有赖空间之大小、明暗、虚实及次入口的分设来化解。

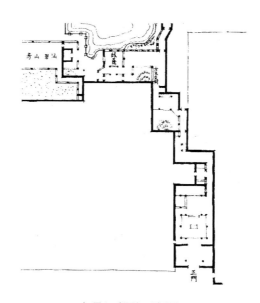

| 图9：留园入口平面图

诱出景境
委曲求全

相地量体

基地南、北、西三面均临小区道路；而小区道路之近邻，北边路旁铁篱外即为城市滨江大道（基地内三楼已降无缘邕江芳容），南边则为小区百米高层住宅楼，东、西两边乃是同样标准别墅（四层＋半地下）。如此种种，对于园林意境之塑造均为不利之象。

即将竣工的标准化别墅，其体量于基地而言，也很大，且将基地南北均等二分；而基地内，除南北有约三米高差外（此乃难得之利好，下文分解），别无造园明显可依仗之物。

问题：如此平常无奇、甚至先天不足之地，如何破题？

东坡之石

少时读至苏小妹"对对子"选夫之轶闻，饶有情趣：洞房花烛夜，被拒之门外的秦少游，一时无计可施，徘徊于死寂的池塘边苦吟苏小妹发难之上联"闭门推出窗前月"；是东坡助投之石子，拨乱月影，激荡出一池春水，诱发少游之妙解"投石冲开水底天"。

那么，破解该基地的"石子"又是什么？如何才能无中生有，激活"一池死水"，诱出景境？

围中取势

园之边界，犹如书画之尺幅、诗文之体裁。至于园之造景与划界孰先孰后，我无意纠缠于此，我更乐意在力行中随机应变，哪个容易突围、有利切入，就从哪个入手；甚或同时展开，左顾右盼、前呼后应。

设计任务是以围墙兴起，索性以围墙充当"东坡之石"，然此"石"能否激出生机、诱出景境？另外，围墙虽以围地为归宿，但必以取势为根本。那么，如何取势？取什么势？

是墙是廊

甲方起初对围墙有明确要求：圈围、防盗、利于商品房销售的视觉效果。

考量国人文化、生活习惯，断然无法在众目睽睽之下自在地过私生活。即便一时崇洋，被牵入"小区别墅"矮栏内的草地上，大多人家也会在"尝鲜"之后尽除"杂草"而播种瓜果蔬菜；即便无人打理、瓜枯菜烂，似乎也比种"草"来得踏实，毕竟农耕文化的人们无法想象游牧民族对"草"的依恋与崇拜。另外，甚至有人不顾物业的"统一化"景观要求，直接将栅栏拆除，垒筑院墙，并"堆绿美化"；而"弄绿"于南宁而言，易如反掌，于是大多围墙两侧密布植被，可由于常人无法进入而成为猫、狗、老鼠等的公共厕所。故而，圈围在保证园内具有一定私密性的同时，还必须肩负诱发生活情趣的责任。

论及围墙防盗，通行二法：一、加高；二、插"尖刀利刃"（玻璃茬、钢铁尖等）。如若此，无异于监狱兵营，何来诗情画意？追寻围墙的防盗宗旨——使盗贼不易翻越，"悬挑"不失为破解妙法，其能保证在墙不高的前提下加大翻越难度。而与"悬挑"契合之象，乃是廊子，尤其是复廊。

细察基地，南部较为开敞，且基地边界与小区道路间还有公共绿地，"引廊入世"得天独厚；东部与邻居相隔之围护，防盗任务略轻，欲以"山墙"介入、平分秋色；东北围护则以内廊收束；西部及西北部围护，由于其内空地暂不予设计施工，故而简单以普通围墙处置。本节着重论述南部边界围护，其余部分融于其他章节予以关照。

南部边界以复廊入境（景7），利好有四：一、能有效化解防盗、私密、卫生、屏俗、避雨等问题；二、作为"东坡之石"，有激出生机、诱出景境的潜力巨大；三、为邻里交流创造了条件；四、便于营造商品房销售所关注的视觉效果。

问题：廊之好，如何体察？形色几何？有无风情？诱引成败？

委曲求全

曲折尽致

廊者，宜曲宜长则胜。古之曲廊，俱曲尺曲。今予所构曲廊，之字曲者，随形而弯，依势而曲。或蟠山腰，或穷水际，通花渡壑，蜿蜒无尽，斯窈园之"篆云"也。

计成在《园冶》中似乎毫不犹豫地给廊赋予了鲜明性征：宜长宜曲；山、水、花、壑则成为弯、曲所依、随之形、势，"蟠""穷""通""渡"可谓万种风情，而无尽通神许是真正曲意。容园南廊愿曲随计成，斗胆描摹"篆云"。

曲诱景致。童寯先生在《江南园林志》的开篇便提出了评判园子好坏的三个标准："疏密得宜、曲折尽致、眼前有景"。我将"曲折尽致"解读为打通或实现"疏密得宜""眼前有景"的机枢。容园南廊打算以曲入境，诱惑形势。而形势有现实存在的，亦有造作委托的；宛如戏曲，唯有动情才能入戏，情真意切，方能感人。曲复廊或蜷缩避让高楼停车场入口、或偎依树木花草、或圈就石脉、或成全水池广狭、或放大为亭、或断续设门、或漏空植物、或通小桥、或接岸陆……

曲折稳定。廊细而长，若长驱直入，必定不稳；若曲而折，盘踞无忧。

曲风碎影。复廊介墙易做，花窗难为，难在客观与主观均无法泥古。细细玩味，介墙在于别内外，花窗又意欲勾引内外，一别一勾，半推半就，只为风景迷人（风景既有视觉意义的，亦有自然通风的）。自察：基地复廊内的场地虽归私家，但为八户共有，属半私密半公共；另外，岭南闷热，尤喜通风。于是，似现"得意忘形"的可乘之机！倘若介墙以砖镂空砌筑（廉价水泥砖，外喷白），有曲作保，稳固无碍，即可获得一带曲柔花墙，且孔隙疏密相间、内外反差，致使远近异景、隐透生趣、微风沐浴、碎影婆娑、小藤缠绕、鸟儿弄舞。

曲鸣园幽。儿时乡村小院，椽头小孔、土墙裂缝（图10），便是雀儿们的安乐窝，它们娶妻生子、嬉戏翻飞，或贴墙、或倒挂、或振翅飘浮、或探头探脑……晨昏之际，蝉吟雀鸣，爷爷摇着蒲扇，听着收音机里咿呀豫剧，如痴如醉。很是恬静！此情此景，永生难忘！然现代城市欲招贤纳士，却不提供安居之所，偌大的玻璃盒子、混凝土壳儿，"纯粹""干净"得竟容不下燕雀栖息、蜂蝶落脚。甲方曾廉价收集了一批被遗弃的瓦片（1毛／块），托我安置。

我欲借此给燕雀造个"瓦屋"（廊顶侧壁的瓦片叠砌、自立稳固、攀爬易塌）（景7），与燕雀为邻，

| 图 10/11、12：儿时乡村民居／曲复廊界墙实验时已招来许多鸟雀嬉戏

长相厮守（图 11、12）。燕雀深悟"鸟鸣山更幽""惊起一滩鸥鹭"之意境，知恩图报，白天吟唱幽园，夜晚站岗放哨。

曲柔济轻。曲折复廊、柔软花墙、鳞次瓦屋、悠悠碧云，合力济轻。

曲直之间。曲复廊不仅以曲成就了园外的公共绿地，而且活发了所营之园的空间。同时其与私家小庭院之笔挺院墙，一曲一直，媾和诸多机遇。

异曲同工

传统廊子以其鳞次栉比的瓦坡与柱林承天接地、构景框画，美不胜收。然时过境迁，材料迥异、工不达意，尤虑东坡之骂"论画以形似，见于儿童邻"。那么，如何以现有常见材料及结构方式构建诗意之廊、传情之物？

花环礼遇。柯布西耶投桃报李，以"花环"巧妙置换了传统建筑的拱券穿窿、陡坡斜面，成就"新建筑五点论"的"屋顶花园"，赋予钢筋混凝土平顶别样风情。容园南复廊意欲以钢筋混凝土平顶展开，上植南国梅花——三角梅（丛生易长，枝繁叶茂、体有长刺、紫花致雅）；梅花簇拥、蜿蜒如云，看家护院（防盗），屏俗避羞（高楼），招蜂引蝶，掩映廊君，挑逗廊下（景 7）。

偷梁换柱。廊顶之梁上翻，悄然围土护花，成就廊顶一带素绢，任水光悠动（景 16）（廊侧水池反光），以抚慰檩椽缺失之空白（同理：所有亭子之顶均设一圆洞，悬挂吊扇，以捕风捉影；下文不再赘述）；60 镀锌钢管，内灌混凝土当作廊柱（高 2.4m），欲现举重若轻之象，消化覆土混凝土屋顶的沉重之气（注：原计划欲用工地上 50 的脚手架钢管，但因其是有缝钢管，内部易生锈，结构工程师将其更改为无缝的 60 钢管）。

束腰兼坐。古人将栏杆喻为廊之束腰，若无，风采不见；倘若以500mm 高白墙做栏、以青砖压顶，精工细磨，不仅能使廊神采奕奕，且可加固柱脚、留人倚坐，还能有效"忽视"旁侧材料之粗糙（廉价水泥砖）。

悬之又玄。廊之底板非直接落地，而是架空悬挑，不仅能藏水（内：水池）驾云（外：地漫植物）得玄虚无尽，而且使廊之轻态愈加彰显（景 9）。

关系邻里投机取巧

斜中求正

八家出入同一大门，产权使然，大门必居于两栋别墅之正中。然正中若无援，易于呆滞而失情趣。倘若佐以斜径缓坡进门（小青砖立砌、棱线出落而防滑），不仅能钝角转弯、顺接道路，而且能生情益趣，正中下怀（景1）。

大小之争

甲方起初对大门有明确要求：大气，利于商品房销售。然而，园林入境，宜窄忌阔；宅之大门，也非大大益善。《宅经》"五实五虚"之论就有告诫：尚宅大门小之实，忌门大宅小之虚。矛盾如何化解？如何通俗致雅？

倘若大门借"房"助威，那么长5m、宽5m、高5m的门房体量足以满足甲方、客户对门头"大气"的渴望。而园子对外的第一层入口便可在宽5m、高5m的高大白壁上刻画，若以直径2.4m的幽深圆洞（墙体厚0.5m）沟通内外，不仅能直抒胸臆、追慕桃源（洞之形态），而且相对内敛含蓄（洞之尺度），同时还为接下来渲染门扇、影壁之"大气"做出抑扬铺垫。过圆门洞，宽1.2m、高5m的铁力木大板影壁迎面耸立，两侧乃1.6m宽、5m高铁力木方格镂空大门，由于门房的前置空间控制为2.4m宽（南北）、5m长、5m高，室内参照系下的近距仰望将使人愈觉门扇、影壁之高大。

抑扬顿挫

我欲试用几乎无人不晓的欲扬先抑之法，期许在"宅园倒叙"的语境下以最节约的方式给容园制造一"序"。

树石仪仗。坡之初，精心植养一悬枝树（铁冬青），悬枝高约1.8m，众人呼之敬礼"铁将军"（景1）；枝下过往，虽无忧碰头，但总会下意识低首——礼制谦恭之意味，助抬门房之高贵。随后，"迎客松""碧云草""青苔石"夹道弄姿，紫气东来而盘旋（紫藤爬满门房之顶），腊梅虬曲逗妙门（幽深圆洞）；此番铺陈，欲使坡道开而不敞、松而不散。

宽窄狭阔。由1.2m宽、11m长的坡道（南北纵长）经幽深圆洞（直径2.4m，壁厚0.5m）进入2.4m宽（南北）、5m长（东、西连通外廊而伸展）、5m高的门房前置空间（东西横长），欲借叙述的戛然转折、空间的开合变化、门洞的幽深含蓄，突显门头、门扇、影壁之气派（反之亦然：以大衬小）。推开有分量的铁力木方格镂空门扇（景2）（1吨左右），即是门房的后置空间（1.4m宽、5m长、5m高），比前置空间还要窄，而门扇、影壁之高大又令其更窄；正面白壁再设一圆洞，但直径比之前的门洞还要小（直径2.1m），洞外以小石桥连接竹林小径（景5）。想必此番"小气"

对邻里相聚（"含笑地""松风处"——最能捕获交叉路口的风）的阔绰有所裨益。

明暗曲直。小区道路较明亮，斜径缓坡次之；门房前室较暗，后室逾之，竹林捷径、曲廊次之；而邻里相聚处复归为明。明暗交替、曲直自便，许能柔和或缓解便捷与幽深之过节，窥望李渔关于"途径"的"理致兼收"，亦盼吊出邻里宾朋相聚的敞快。

隔而不断

甲方诉求：私家庭院与公园之间需要隔开；东西公园最好也能隔开，以便提供捆绑销售的可能，比如，东楼四户为一大家，西楼四户为一大家。

我欣然应答：可隔可期！但不是隔绝，乃隔而不断，期许隔出境界。邻里间既非直面无间，亦非"老死不相往来"，而是相互借资、彼此乘势。清初卫泳的《悦容编》似乎点破了一些玄机："晤对何如遥对，同堂未若各院，毕竟隔水闲花、碍云阻竹，方为真正对面。"

因此，南园西边的"松风处"与东边的"含笑地"隔以缓丘竹林，影影绰绰；私家小庭院与南园阻以砖墙（景82-85），洞悉里外（砖墙：廉价红砖砌筑、喷白，叠涩洞缘；压顶：旧青砖叠涩）；原建筑楼梯洞口与"含笑地""松风处"分别碍以砖格（水泥压制砖镂空砌筑）、石壁（甲方旧物利用），佐以藤蔓青苔，缠虚绕实（景24）。

以水理势

打量基地八户共用之地，造园可凭借之物甚少；叠山造胜难度较大，以水理势相对易行。于是，随廊拿捏一弯"青溪"，沟通两岸，联姻廊、陆；水面时大时小，廊、陆若即若离（景18）。或溪、或泉、或池、或泽、或肥、或瘦、或藏、或露、或隐、或潜、或断、或续、或躲、或就、或抱、或离……水之变态勾引廊、陆骚动，或岛、或滩、或林、或矶、或廊、或亭、桥，或大、或小、或宽、或窄、或正、或斜……心物互转，或围拢畅谈，或把酒当歌，或独坐听风，或邀云仙话，或与鱼共饮、或闲游漫步，或追蜂揖蝶，或静候暗香，或听蝉闻雀，或清赏细雨，或梦游巫山……

散石助兴

南园无缘山胜，然可图地脉筋骨之石（景4-7）。或置桥头，或挤岸边，或孤水中，或隐水下，或散竹林、或卧路角，或恋树根，或栖一隅，或立亭侧……你我或就坐于松下"云桌"听涛（小青砖叠涩而成桌）（景11-12），或品茗于含笑（树）荫里"与鱼同饮几"（混凝土浇筑而成）（景23-25），或亭下赏荷，或闲游散步……许能勾引未山先麓之情思？！

勾勒山水 顺势而为

东山再起

疏密得宜。自童寯先生出示了评判园子优劣的三个标准（疏密得宜、曲折尽致、眼前有景），也就给后辈实习者提供了修行的方向。东园，乃联结南园、北园之关键，再加自身的天资地利，宜密。东园之密，恰和（四声）南园、北园之疏。然疏密又非纯粹机械地断然二分，亦讲究疏中有密、密中有疏；因此，东园在密的统筹下，亦有小疏来相济。

一决高下。察别墅东侧与邻居交割之地，宽不足 9m，可恰逢机遇：前园与后园约 3m 的高差在此降生。我决意为此高差"庆生"，催化山水情怀。

挺拔山墙。传统爱将建筑东、西实墙称作"山墙"，颇耐人寻味。原别墅之挺拔"山墙"若佐以爬山虎，再用高差等"引子"相诱，可堪"绝壁"（景 26）。

高隔一曲。与东侧邻居相隔之墙（廉价红砖砌筑、喷白，旧青砖叠涩压顶）（景 30），从南园起笔、至北园落笔，墙顶一致，墙高即由 3m 变为 6m，渐下渐高。墙高若稳，可赖曲折；曲又生意，制造新机：曲奥处，或植藤蔓、或栽修竹、或种芭蕉、或藏静水而育菡萏安睡莲以供锦鲤私会、或铺砖砌石以抽身举头探险……且高且曲，柔化邻里，私募"峭壁"（景 42）。

再曲当岩。北部若构园，原有建筑的半地下室还只是单纯满足"储藏""车库"之类的功能，那真是大材小用！若将"储藏"等功能在"两山"之"涧"悄然消化，不仅能顺利释放原地下室空间、圆满实现甲方对室内泳池及沙龙聚会等活动的愿景，而且能加剧"两山"之狭、陡增山涧之险（窄者愈窄）（景 31/42）、照顾一楼相邻房间之情（室内"装折设计"需待另成一文加以介绍）。如何悄然消化？扭曲成壁，覆土结顶，铺砖为台（高者愈高）。扭曲，不仅有平面之曲，而且有剖面之扭，欲求悬挑倾斜扭转之势；顶部旧青砖立砌，置闲石以通南北、供游憩，边侧种迎春，关节之地植姿态悬挑飘逸之树，内倾之处向天自然养苔，侧壁小水口疑为岩泉，下引渴望小石……期许缭绕心绪。如此变态，只为"岩情"；情真意切，"两山"动容。（注：当初计划用旧青砖叠涩作"岩壁"之皴，后被取消，只留素混凝土外壁；"岩壁"内起初计划做储藏室，只因室内空间较大、且颇有情趣，甲方与我遂将其主要功能改为酒窖——名曰"酒曲"。）

水调歌头。南园"青溪"过"含笑亭"，歇息小荷塘，藏于"藕香榭"。庭院隔墙虽欲堵截把守，却止不住"青溪"风骚流露。其从墙下偷偷溜走，化为一汪碧水，相约隔壁"暗香亭"于"酒曲"之顶，并回眸告别"藕香榭"，享受短暂的温存（"藕香榭"与"暗香亭"隔墙设洞以通消息）。而后，越过堰石，挣脱"紫薇"之挽留（斜枝倾弯水口）（景 29），纵身一跃，载歌载舞，泄玉抛练，情投山涧怀抱（景 43）；又随山万转，渐入温柔之乡（景 43），随后沉静于小石潭，藏于"云悠厅"（景 31-35）（低处愈低）。我欲借此缅怀柳柳州于广西之绝唱：

下见小潭，水尤清冽。全石以为底，近岸，卷石底以出，为坻，为屿，为嵁，为岩。青树翠蔓，

| 图 13：云悠厅与东峭壁之间通往果隅廊的间隙

蒙络摇缀，参差披拂。潭中鱼可百许头，皆若空游无所依。日光下澈，影布石上，怡然不动；俶尔远逝，往来翕忽。似与游者相乐。

并试图弥补他老人家的伤感："坐潭上，四面竹树环合，寂寥无人，凄神寒骨，悄怆幽邃。以其境过清，不可久居，乃记之而去。"使人可游、可赏（看＋听）、可驻、可坐、可伴、可掬……为小石潭增添无尽人情。

正奇缓急。山水变态，风情万种，妙在出奇制胜。游廊由"暗香亭"始发而东，临水架空，贴壁而行，三五步北折，行数十步西折、再北折，而后长驱直入，随势急下，穿越陡峭山峡至小石潭，渐渐舒缓，廊端潭侧顺势一转、成就"云悠厅"，收拢一股清静在此回环（厅：宽 4.2m×长 8.1m×高 3m；厅东、北二墙出云厅之顶，高 6m，与东隔墙齐肩）。"云悠厅"东墙开圆洞以通、纳北园风景（景39/40），北墙设长窗一卷以裁隅园之色（景 46），而与东山墙则留间隙可偷渡后廊（图 13）。欲以修廊之正匹配山水之奇，以山水狭窄高下之急唱和"云悠厅"之缓，进而谋得相得益彰之妙（景 42）。

轻重工拙。有峭壁可依，修廊不必"别扭"，直来直去亦能稳妥，因此，其柱依然可采用内灌混凝土的 60 镀锌钢管；"云悠厅"以两面实墙做靠山，剩下两边均由同样钢管密植而成的几丛群柱支撑（景 39）。如是，不仅能再塑建筑的举重若轻，而且可借纤细、轻灵之柱映衬山岩之浑然、厚重。另外，还图谋以修廊、"云厅"之地、之栏、之靠（美人靠）、之柱、之顶、之"瓦屋"等的工巧来呼唤山川之朴拙。

明暗虚实。修廊、"云悠厅"之顶再植梅花（三角梅），欲揽一抹青云系于山腰，期许能使人一时未识山之高低深浅从而呈现"只在此山中，云深不知处"之境（景 42），进而助益明暗协奏之氛围。岩顶之台、廊下之路，隐显生趣；飘枝逸云，映潭邀鱼；潭水浮光，嬉戏平顶；天桥横渡，勾引岩、厅之巅，俯瞰锦鲤悠游……愿借此种种铺陈，充实务虚。许是系列明暗虚实、宽窄高下、正奇缓急的演绎，即使外界纹丝不动，"云悠厅"总能微风习习；品茗于此，我总能念起恩师董豫赣先生的"风景"之辨。

水绘东北

高下分化。"青溪"有意环抱南园、跌宕东园、汇于东北，使原建筑半地下室有望成为一临水的欢聚大厅——"临水厅"（景61/70）。细察东楼别墅之北侧场地，临近建筑自东向西，有许多井盖，其下乃管道线路。如何是好？强行拆迁，实属下策。若就势分化为一高一低两个水池，稍有"差池"，即可多全：一、因物不改，保护了原有管道、井盖；二、确保了半地下室真正的临水之意；三、使原有粗陋井盖悄悄化身为若干小岛、水矶（石头圈围，盖顶置盆栽，方便检修）；四、高下自然成瀑，活跃水文；五、使建筑南侧天井之"青瀑"（青砖叠涩弧下，雨后生青苔，借光升华为瀑）、室内泳池、临水厅、北园水池、小石潭等水象之气脉得以融会贯通。

放逐车马。原建筑半地下室被放逐出来的"车库"功能，可临路置于东楼的西北角，并顺势兼顾工人用房。如此，不仅方便易行、兼顾邻里，而且还能制造诸多机遇：外挂一廊，周游北园、临虚处境；廊下藏水，疑通邕江、意犹未尽；屋顶设台，俯瞰邕水、眺望江城；台中置桌、烧烤欢聚、其乐融融；顶边覆土，植梅护院、养花为景；桌旁种菜，自足自给、有机新鲜。后来，甲方再次将"车库"功能外放（称容园大门外路旁不远处有小区停车库，且别墅区人少、平时可停靠路边），遂将原设计的车库改为台球活动室，于是，那屋的名字就由"车马轩"改为了"一杆堂"（景62/63）。

偏安一隅。甲方希望园内有一片果林，供孩子、宾客采摘尝鲜。我欣然应约，精心地在东北角留地种植杨桃、荔枝、琵琶、龙眼、黄皮果、莲雾等（名曰"百果隅"）（景60），每当花开果熟之时，满园飘香、蜂蝶起舞、花瓣漫地（青砖铺砌、隙缝青苔）、红黄缀树、缓步轻游、享受滋味……也恰借这片林子，不仅为"云悠厅"提供一卷风景、几缕芳香，且能悄悄地将水藏得无尽，并使北园空间在"云悠厅""一杆堂"合力挤压扭转后，再在"响月亭"全力掩护下，顺利隐匿于隅林荫翳之中，最后以廊作为收束再增幽暗，北园的深远遂出。

小桥横渡。"云悠厅"圆洞外"龟石"北侧引折桥（景60）以通"响月亭"、南侧临墙设平桥石矶（景64）可入"临水厅"；水池窄处构板桥以连理半岛、水厅，桥头植垂柳以扶风引渡（为节约造价，这些桥均以钢筋混凝土构筑）（景59）。不仅欲借桥点景、畅游，而且还望以桥隔远、截大。

安亭即景。"响月亭"身处关节之位，不仅有掩护北园空间深远之功，且能坐拥"百果隅"之色味、"云悠厅"月亮门之幽深、水池大小高下之鸣响、半岛石桥之身姿、莲雾云梯之翘首、修廊之曲折隐显……而"自得亭"静处西端，不仅最得北园之深远（往东、南看）、水之跌宕无尽，而且很能点活北园之西的半壁江山，同时为"云悠厅"内洞察北园之风景而献身演绎；除此之外，还意欲于"自得亭"西围墙镶嵌一镜子以进一步拉大景深、寓言西院，以了却对网师园"月到风来亭"妙镜崇尚的心愿（该镜尚未安装）。"逸亭"则独居原建筑北露台与"云悠厅"西壁犄角之处，可容一两人临壁悬空、倚栏闲坐、赏园清谈（该亭暂无实施）。

石常参差。池之东、西、北岸，均以出挑混凝土板藏水纳深，池中、岸边略点苔石寻经接脉。而池南之上下，自东至西，意欲参差大小平峋之石、间饰苔蔓萍草、造化小瀑细流，以醒活混凝土池壁（南侧）僵直之身躯。起初，甲方嘱托起用原先其他工地所剩的数十块"红玛瑙"大板石，我思量再三，密约其亲水怀苔，以掩羞色（红）。其余大多抛头露面之石，均为当地石灰石，易生青苔，我私自为其取一小名"青苔石"。

循环往复。东园、北园及原别墅之间设上、下两条游线，以添游趣。下线：沿东园修廊而下，到"云悠厅"，而后入北园。上线：由东园岩顶往北至小石潭岩顶，路分两岔，往西可过一门至建筑北露台，往北可过小石桥上"云悠厅"之顶，而后绕行到"百果隅"东、北边廊之顶，再后"一杆堂"顶、东廊及"自得亭"顶，最后可绕回原建筑北露台。上、下游线由北园莲雾树旁"云梯""临水厅"内"径可径"，东园修廊之台阶、"一线天"中的"踏青"上下勾连、南北回环。

一线天机

峡路相逢。北园西廊之尾藏于东、西两栋别墅对立山墙的夹缝中，并以平婆老树与青苔拙石收束（景69），不仅能藏廊怀春，而且可有效封锁两山之"峡"的直通贯行，从而为制造深远、高远埋下伏笔。

窄者愈窄。东、西山墙之缝隙，本有狭窄之相（宽3.8m、长约18m、高约16m），然我仍欲"落井下石"（"平婆"老树旁的拙石乃为起势）、于隙缝内再叠2.5～3m高的峭壁，将路径压缩在1m之内，使其愈窄愈险、愈崎愈岖（景76-78）。同时，峭壁左躲右闪，或贴墙直上、或弯曲架空而成洞穴，不仅能有效避让或掩藏原有山墙外挂水表、恒温泳池的外置烟囱及进气门、排风扇等，而且可顺势经营出曲折深远的山峡气象。另外，峭壁顶及侧面石缝留土种植小灌木及野草藤蔓，与原有建筑墙边种植的爬山虎，合力共谋、勾魂引魄（山峡）。如此种种，渴望能假借成势，获得幽幽峡谷、"一线天"机，并为"临水厅"的西窥提供两卷水墨山境（恰与"临水厅"之东的"酒曲"岩洞、之北的天井"青瀑"／泳池、之南的高低水池等联袂上演一出"山水会"，至此也完成了我对原建筑半地下空间别有用心的"四面埋伏"）。

层叠上下。过崎岖、曲折、陡峭之山峡，地势骤然升起，需踏步台阶以上下。然踏步台阶不可草率，既需节俭易行，更要合乎山境。此时，恩师董豫赣先生在清水会馆中为向斯卡帕致敬而创作的大台阶令我茅塞顿开：既能方便上下，又变化多致，且最有陡意。于是，我沿袭了恩师的形式，但偷偷地将红砖更换为青砖，并在台阶顶端植以歪脖朴树、古拙"苔石"（景79），既引领山势、护卫山口，又可联络感情、培育新景，并服务相邻房间。与此同时，我还有意在歪脖朴树下的两三个台阶上安置木板（暂尚未落实），以便就坐，怀谷沐风、听蝉吟凉（儿时经验：夏日河南老家总是选择有风的两房山墙过道吃饭、劳作，乡人呼之为"风道"）。另外，青砖层叠踏步的角落易生青苔、长小草，又有刘禹锡的引导，我情愿小心翼翼地将长苔的青砖踏步唤为"踏青"。

窠石怀韵。"踏青"而上，朴树弯古，窠石簇拥，或临壁独处、或偎树闲卧、或探头张望、或埋头酣睡、或相互挤压嬉戏玩闹、或礼让有道以安柴扉、或小藤缠绕、或青苔点染（景80/81）……以此实现甲方提出的两个小庭院之间的君子之隔，并借机默默地咏怀一下内心沉浸已久的宋韵。

开轩面场圃

小有含轩（景74/75）。功能诉求：北部需设个次入口，既要照顾目前统一管理的方便，又要为以后东、西二楼的分而治之留有余地。故而，除了在"一杆堂"东北角增设预备一小门外，还在其西侧设置一稍大的后门（旧青砖叠涩门头）。甲方母亲偶见后门门头有匾无字，欣然赐名"含轩"，与南园主入口的"容园"二字相映成趣，众人都觉甚妙！

场圃闲笔。由于西楼暂时不起用，故而西楼北侧空地也暂不予着力，只是简单平整下土地，满足甲方业余踢球之愿望。

粗细可道

工法匠作

上文多少提及一些材料做法，但未能阐述用材之虑（不论是砖石泥瓦，还是树木藤蔓），似不尽兴。"闲来无事不从容，睡觉东窗日已红。万物静观皆自得，四时佳兴与人同。"北宋理学奠基者程颢的哲思情怀不无精准地勾画出我的用材法度：各尽其才、彼此相济，惟巧惟妙。这也恰是实现甲方关于"物美价廉"诉求的必要条件。

惟巧惟妙

实际设计营造过程中，或因物不改，或点石成金，或拜石问计，或揣计访贤，或因材施教，或携意寻物……思绪来回激荡、上下翻滚，全仗"惟巧惟妙"相系始末。绝非纯粹、机械、绝对的材料先行或意境先行，只因"巧""妙"骨子里排斥机械、纯粹、单一。然在学习过程中，却可单线思考、积累素材、待机而发。

体物察色

若想"各尽其才"，必先识才。如何识才？体物察色。既要观察材料的形状、姿态、纹理、色泽等，还要触摸其凹凸、细糙、软硬、冷暖等，甚或实验其内力质性。而所有的体察，最关键是要埋下"情种"，孕育生机。

粗细可道

粗粮细做。由于甲方与我均推崇节俭，故而所选之材绝大部分都平常易得。然由于廉价，导致材料本身较为粗糙；倘若设计不能别出心裁，结果必野，与我朝夕相拜的孔夫子之教导"文质彬彬"将相差甚远。而苏轼轶闻中"羊蝎子""东坡肉"之情趣，《红楼梦》凤姐的"茄子"大法、"凫靥裘"与"雀金呢"之差异，在当时当地人工费并不太高的情形下，着实提供了点化粗糙的秘诀：粗粮细做、野料尚工，而这份心意也深深地启发了我这馋嘴臭美的穷小子。南园"曲复廊"之镂空墙（廉价水泥压制砖）、钢柱（60钢管），小庭院墙（廉价红砖砌筑，喷白），云桌（外青砖、内红砖），破旧青砖铺地，东园曲山墙（廉价红砖砌筑，喷白），"云悠厅"墙壁（廉价红砖砌筑，喷白），岩壁（水泥素壁），北园等建筑以及园子内绝大多数的树木石头（当地普通物种），等等，运思均由此发。

细料入赘。在满园多粗的日子里，我欲遴选少量细料入赘，以调理阴阳、增色生活、装点门面。比如：所有建筑的白顶粉面，洞口的青石镶边及青石牌匾，墙顶青砖叠涩，廊子之"束腰"及"瓦屋"，钢柱烤漆，门房门扇及影壁的铁力大木，亭榭之木作美人靠，岩顶飘逸之树，个别青苔大石……

彼此相济。粗料、细料之间不仅需在视觉、触觉等感官层面相得益彰，而且还需在营造、经济等方面彼此相济，以成和兴。

工法匠作

匠作 1：门房及门外坡道

结构。普通框架结构＋普通空心砖填充墙，水池一侧做悬挑以藏水。

地面。青砖平砌铺地，打磨。

墙面。东、西两边的镂空墙做法与曲复廊相同，其余墙体内外均粉刷漆白。

洞口。磨砂面青石板作两个圆洞口饰边，并以 5×5mm 的小线角点活青石板。

影壁。欲在 1200mm 宽、5000mm 高的影壁墙四周干挂 5000mm 高、50mm 厚的铁力木大板，以装点门面。由于拉回的铁力木板实际高度只有 4700mm，故而上、下两端均露出了 150mm 左右的白墙，暂时尚无妙解，故而未敢盲动，也许待以时日会有巧思。

门扇。影壁两侧各设一 1600mm 宽、4700mm 高、100mm 厚、约 1 吨重的铁力木镂空大门，一出一进（指纹锁）；门框：150mm 宽 ×100mm 厚的铁力木、角部以直角钢板加固，格条：50×50mm 的铁力木、前后并置以木钉相连；两个大门均借轴承转动，故而门虽有分量，然转动灵活；门槛为 300mm 高 ×100mm 厚的铁力木，大门两侧各置一个甲方收集的老旧抱鼓石。

顶盖。室内屋顶粉刷漆白，影壁内外各悬挂一吊灯照明；室外屋面普通防水即可，以架紫藤。

牌匾。门房前后两块青石牌匾做法相同，均模仿艺圃浴鸥小院之牌匾。

坡道。青砖立砌铺就，棱角恰来防滑。

| 门房框架／门房框架与填充墙／水泥砂浆粉刷后的门房
| 粉白后的门房／门房内部与抱鼓石／门房影壁结构墙与试装的铁力木大门

匠作2：曲复廊

底板。曲复廊之钢筋混凝土基础与250mm厚的钢筋混凝土水池底板浑然一体，廊子之钢筋混凝土底板由中间的300mm厚钢筋混凝土支撑并向两侧各悬挑1m，内可藏水、外可腾空纳石；廊子地面采用青砖平砌铺地，先前的施工队为了省事，只是在砖缝内灌入水泥粉而后洒水硬化，青砖表面亦未打磨，粗糙不堪，遂请另外一个施工队重新整理、打磨成现在状态。

柱子。廊子净高2.4m，廊柱采用直径60mm、壁厚5mm的无缝圆钢管，钢管内外均镀锌防锈，钢管外以深灰色烤漆饰面，钢管内密实灌入细沙水泥浆，待水泥砂浆完全硬化并干透后，于钢管两头各焊接（满焊，不留缝隙）一块200×200×10mm的钢板，并在钢板与钢柱夹角的四向各焊接一块三角形小钢板作侧翼，200×200×10mm的钢板与四个小三角形钢板共同构成柱础与柱帽，柱础与柱帽均隐于钢筋混凝土底板和屋面板之内，并与梁内钢筋焊接牢固。

顶盖。廊顶为钢筋混凝土结构，采用的是上翻梁，上翻梁恰作花池池壁，屋面板比栏凳往外悬挑200mm；花池做完正常防水后，铺设50～80mm厚的陶粒作渗水层，400～450mm厚的种植土，内植三角梅；上翻梁外侧以甲方回收的废旧小青瓦片叠砌，靠近上翻梁一侧点水泥砂浆以粘固，瓦片顶则以青砖平砌作压顶；于花池南侧贴池底处埋入钢管作排水管，排水口附近堆积陶粒，将廊顶的水尽数排于园子之外；钢筋混凝土顶板之侧以水泥砂浆粉刷整齐并留出滴水，钢筋混凝土顶板之下粉刷漆白。

介墙。曲复廊之介墙采用普通免烧水泥砖（0.5元／块），镂空砌筑，每两块砖之叠压处最小不得窄于10mm；先通长摆两匹砖，调试好每两块砖的镂空间隙，进而由多名工人分段砌筑并合拢；介墙顶端与廊顶之间隙密实填封膨胀水泥砂浆，墙体均匀平缝；最后，以白涂料对整个墙面进行喷涂。

栏凳。最初的栏凳是以免烧水泥砖镂空立砌、叠砌，顶端以小青砖平砌压顶，总高420mm，由于设计和施工均不讲究，导致极其粗糙使人无心靠近、接触，且不利于钢管柱的防锈。思考再三，并与主人协商后，将栏凳改为：200mm宽、420mm高实砌砖墙（普通空心砖），侧面粉刷后漆白，顶部以50mm厚剖光青石板作压顶；每个钢管柱处浇筑200×200×420mm的钢筋混凝土，钢管柱与青石板之间的缝隙密封防水胶。

| 曲复廊底板／池壁及挑檐／曲复廊与水池

| 柱帽／灌实混凝土的镀锌钢管柱／柱脚与预留钢件焊接、四周浇混凝土柱础／柱帽与梁板钢筋焊接
| 曲复廊顶／同上／顶板侧边粉刷光滑
| 叠砌小青瓦，内侧点水泥粘固／做完屋面防水后铺设陶粒层／覆 400mm 左右的种植土
| 曲墙实验（结构工程师及监理现场研究）／先通长摆两匹以确定镂空间隙／分段砌筑
| 分段绵延展开工作面／镂空墙喷大白浆实验／喷过大白浆的镂空曲墙
| 原栏凳砖作，不佳／同上／PS 比较曲复廊栏凳新法

匠作 3：亭子

所有亭子工法基本一致。

底座。底板均为钢筋混凝土，地面为青砖平砌、打磨，美人靠取法明清传统，以铁力木打造而成，美人靠坐板之下四角为钢筋混凝土柱础，中间为普通空心砖砌筑，其内居中镶嵌两孔混凝土空心砌块，除 200mm 厚底板侧面与混凝土空心砌块保持原貌外，其余均粉刷漆白。

柱子。亭柱亦为钢管柱，与曲复廊的钢管柱做法相同；角部有 3 根钢管柱，全部埋于钢筋混凝土柱础内（坐凳木板之下）。风韵亭与曲复廊合二为一，柱法与曲复廊一致；响月亭较为独立，故而角部柱子以混凝土包筑以求稳固。

顶盖。藕香榭、暗香亭屋顶连为一体，共同架于 370mm 厚的砖墙之上；自得亭与廊子顶也连为一体，共同架于折墙之上。所有亭子屋顶结构、种植、瓦作砖作与曲复廊基本相同，亭顶中心上翻 100mm 厚钢筋混凝土壁以留出直径 800mm 的圆洞：洞内横穿一直径 20mm 的钢管（防锈处理后漆黑），内走电线，外挂带灯吊扇（南宁气候闷热多蚊，有电扇相助，亭下舒适无忧）；洞顶覆盖 10mm 厚钢化玻璃，侧边四向各留孔以通风。

匠作 4：南园与小庭院之介墙、影壁

钢筋混凝土作基础，普通红标砖 370mm 厚墙身，洞口处以 60mm 厚钢筋混凝土作过梁、红标砖叠涩作洞缘（暗香亭与藕香榭之间的墙洞人们有可能会身体直接接触，故而洞缘饰以剖光青石板），墙顶以小青砖叠涩作压顶，墙身整体喷大白浆。

实体之墙，除门房外，大体类似此法。墙身如此处理的思考：如何在传统花格窗、瓦作、砖作等缺失的前提下，用现有普通材料及工艺、较低造价构建出墙体的繁简关系，并与景物相得益彰。

镂空影壁墙。普通免烧水泥砖、保持砖本色、镂空砌筑，以容紫藤穿越、攀爬。

匠作 5：东园与邻居之介墙

240mm 厚钢筋混凝土池壁兼作曲墙基础，曲墙为 240mm 厚普通红标砖砌筑而成，曲墙与修廊相合之处设 180×180mm 构造柱，2.4m、4.8m 高的墙内通长 180mm 厚、240mm 高钢筋混凝土圈梁以加固墙身，墙顶以小青砖叠涩作压顶，墙身整体喷大白浆。

匠作 6：修廊

以一系列 200mm 粗钢筋混凝土圆柱支撑钢筋混凝土底板，地面、栏凳、柱子、顶盖做法均与曲复廊相同；凡修廊与东侧曲墙相合之处，均预埋 1 根钢管于修廊上翻梁与曲墙的圈梁之内，以曲墙侧拉或侧推来稳固修廊；修廊起伏之处，则增设钢管柱以达稳固。

| 曲复廊及风韵亭／含笑亭／曲复廊、含笑亭与藕香榭
| 藕香榭与暗香亭基础／藕香榭与暗香亭／暗香亭、修廊、藕香榭、曲复廊
| 小庭院介墙／喷白后的小庭院介墙／东南园影壁墙砌法实验
| 东园邻里介墙与酒曲墙体基础／邻里曲介墙及修廊／修廊顶盖、邻里曲介墙
| 曲墙青砖叠涩压顶／同上／邻里曲介墙、修廊、酒曲顶顶防水处理
| 邻里曲介墙、修廊、小石潭／修廊预留排水及拉结钢管／修廊、云悠厅
| 修廊／修廊、酒曲顶水池底板（留孔以给酒曲室内采光）／修廊、酒曲岩顶

匠作7：云悠厅

底板。钢筋混凝土结构，并于南、北、东三面做悬挑以藏水，地板之下为东园水池之过滤池及设备，地面青砖铺砌、打磨，茶桌下的地板上留三个800×800mm的过滤池维护口，并以铁力木木板覆盖。

墙体。云悠厅净高2.7m，西、北两面之墙体：普通红标砖砌筑，370mm厚，过云悠厅顶达6m高，与南园小庭院之围墙高度一致，北墙长方洞口以60mm厚钢筋混凝土作过梁、红标砖叠涩作洞缘，西墙圆洞口则是以带有5×5mm小线角的磨砂面青石板作圆洞口饰边（与门房入口做法相同），墙之最顶端以小青砖叠涩作压顶，墙身整体全部喷大白浆。

柱子。单根柱子的材料、构造做法与曲复廊完全相同，美人靠坐板之下即是柱子的钢筋混凝土柱础；由于云悠厅两面临空，且跨度较大，故而采取钢管柱密布且前后错位之法，如此既能提高钢管柱整体的强度，又不失云悠厅临虚之处的举重若轻，进而拉大与厚实的钢筋混凝土岩体的体验反差。

顶盖。钢筋混凝土上翻梁结构，厅内顶板中心留孔以捕风捉影（挂电扇、透光），基本与亭子顶盖做法一致；厅外屋面结合上翻梁以青砖叠涩作台，方便上人并通游，侧边之种植、瓦作砖作等与曲复廊相同。

美人靠。取法明清传统美人靠做法，以铁力木打造；美人靠坐板之下柱子处为钢筋混凝土（即柱础），其余部分为普通砖砌，最后统一粉刷漆白。

| 修廊与云悠厅底板／响月亭、云悠厅及北池／喷白后的云悠厅墙体
| 喷白后的云悠厅／云悠厅（墙体喷白、顶面粉白），小石潭／喷白后的邻里曲墙，覆土后的修廊、云悠厅顶

匠作8：酒曲、岩顶

底板、墙身、顶盖均为钢筋混凝土结构。

墙身。墙高4.26m、厚250mm，除了平面的曲变外，垂直向度也是有变奏的，如此既得悬覆之势，又得陡坡之态，且彼此相得益彰，以此捕捉山岩之态势。另外，原计划混凝土墙身之外叠砌青砖，后来在施工过程中思忖再三，决定舍去青砖之笔，而是以普通粗砂水泥抹面来关怀墙身，所念有七：其一，建筑师通常是以物象或氛围来诱导进而感动人的，一般不会靠说明书来训示或强迫别人必须如何那般；其二，青砖之纹理较难勾搭出山岩之皱意、还会损伤对态势的体验，更会引起常人体验的惯性或潜意识链接——砖墙；其三，青砖虽与近旁邻里介墙之色有所不同，但纹理完全一致，不利于彰显此壁的独特，拉不开其与近旁物类的差异；其四，粗砂水泥抹面能将混凝土施工时过于直白的模板、孔眼完全覆盖，避免常人的惯性链接——墙；其五，粗砂水泥抹面较易吸水，在接受雨水、时间的洗礼后较易留出自然的痕迹，大大有利于彰显该壁与周围其他建筑之墙的差异；其六，墙身上散布一些120×60mm的孔眼，既可为酒曲室内采光、排出种植池底部之积水，又能窍化壁体，在上面植物、石栏与下面水石的掩映下，有助于勾引岩意；其七，在寻觅岩意时，可大大降低造价。

顶盖。酒曲室内净高2.8m，其上种植池覆土1.3m，青砖立向干砌铺地（干砌：砖缝内不填灰浆）；临空一侧围以石栏，其侧种植迎春；临原别墅山墙一侧，留240mm宽缝隙种植爬山虎，并于该墙上对应室内南、北二书房的位置新掏洞纳景；酒曲局部之顶为水池，即暗香亭周侧水池，水池底部设直径200mm的小圆孔以透光。

| 酒曲岩顶的防水处理／覆土后的修廊、酒曲岩顶／同上（以紫薇替换先种未活的松树）
| 邻里曲介墙、修廊、酒曲顶（覆土约1.3m）／酒曲顶水池留孔、密封玻璃以给酒曲室内采光／粗砂抹面后的酒曲岩体

匠作 9：一杆堂

一杆堂原来的功能是车库，故而层高与廊子相同，均为 2.4m。框架结构，墙体、洞口处理与南园小庭院之介墙完全相同；顶盖结合上翻梁以青砖叠涩做了一些座台与烧烤台，并于梁格内覆土种植蔬菜；顶盖侧边的瓦作砖作、种植等与曲复廊相同；朝向院子一侧，采用钢筋混凝土悬挑结构以形成房廊，此处的几根钢管柱基本无实际承重作用，只起廊子意象及人与景物互动的中介作用。

匠作 10：果隅廊及云梯

廊柱、基础、栏凳、顶盖侧边的瓦作等与曲复廊相同。

顶盖为钢筋混凝土，园内一侧以钢管柱支撑，临小区道路一侧以砖墙支撑，为了避免普通带垛 240mm 砖砌围墙的单调乏味，果隅廊墙做了如此处理：依旧采用普通 240mm 砖墙（红标砖砌筑、喷大白浆），但分化为 3m 一段，共若干段；相邻两段左右重叠 480mm、前后错开 240mm、缝内立砌两孔混凝土空心砖，于是不仅能在无垛的情况下保证结构的稳定，还能在廊外空隙种植爬藤等，同时廊内可获得一宽 480mm、长 2000mm 的坐凳（座面为 50mm 厚铁力木板，其下为砖砌），坐凳侧边有光、有风、有景进来，且无躁意（由于果隅廊紧贴小区道路，无法对着道路开窗凿洞，但南宁天气闷热，尤需通风）。果隅廊顶平铺青砖以供游走、赏园看江。

果隅廊与一杆堂夹角处莲雾树下的"云梯"采用青砖叠涩砌筑而成。

匠作 11：西北廊

做法基本与果隅廊相同，介墙依然采用 240mm 砖墙（红标砖砌筑、喷大白浆），但只依折墙而留凳，前后墙之间砌实不再留缝隙以保证未来东西两侧不同住家的私密。

匠作 12：踏青

踏青是向董豫赣老师清水会馆的大台阶致敬的，我仅将材料更换为了青砖。我喜欢这种踏步的两个特征：一、参差而陡峭却不失舒适性、二、介于自然石阶与普通建筑台阶之间。做法：每个踏步高 360mm、宽 480mm、深 600mm，每步台阶下面为四匹青砖平砌、上面以青砖立砌压顶。

匠作 13：青瀑与室内泳池

以小青砖叠涩平砌而成，其内散置几块青苔石。原初青砖叠涩设计为弧线，弧线定位法：用一根绳子，上面固定一点，下面固定一点，使其自然下垂达到所要曲线为止。然施工时，工人图方便，直接砌成了斜直线，待我发现时，已施工完毕，遗憾！

结合原有结构，东、西开凿出一个长 26.2m、宽 3.7m 的室内泳池；结合原有柱子的大基础，做了水下坐台；泳池池底、池壁均以剖光麻点石饰面。

| 北池、一杆堂房廊底板／北深池、一杆堂及房廊／同上
| 邻里介墙、云悠厅、果隔廊／果隔廊／果隔廊（墙体已喷白）／一杆堂、云梯、果隔廊
| 自得亭、西北廊／西北廊、自得亭、一杆堂顶（可游走）／西北廊顶（可游走）
| 小山峡场地／青砖踏步／东端天井青砖叠涩（漏了几块石头、石头且无大小之思）
| 同上／青瀑与泳池／同上

匠作 14：水池

园内所有水池均为钢筋混凝土池底池壁。

南池。水池一侧池壁即曲复廊的基础，另外一侧池壁的设计类似酒曲墙身做法，双向扭曲，且在顶部以 60mm 厚钢筋混凝土板水平向水池悬挑 300mm，结果：由于池壁高度有限，一旦水池注满水，双向扭曲做法的功效不能淋漓尽致地发挥出来，显得没有太大的必要，而所花人工的费用却因此大大提高。于是，迅速调整了还未施工的北池池壁设计。南池的过滤池设于曲复廊外围的东南角的青溪湾附近。

北池。北池为一高一低两个水池：高水池水深 300mm，临水厅沿线以青砖叠涩收边藏水，池内留出原有各种井盖以成岛；以石头掩盖高低水池之间的垂直混凝土池壁；低水池的北边池壁为 120mm 厚垂直钢筋混凝土壁，顶端水平悬挑 300mm 以藏水。北池的过滤池设于临水厅外东北角、小石潭隔壁处。

东池。池壁即酒曲墙体、邻里曲墙之基础、云悠厅基础等。东池过滤池设于云悠厅底板之下。

曲复廊及南水池的基础处理／同上／同上
曲复廊、水池／同上／同上
高、低水池及原有各种管井／北池及一杆堂基础／北池、钢筋混凝土板桥、管井／北池
小石潭与过滤池／东园邻里介墙与酒曲墙体基础／小石潭（水深达 1.5m 以上才能养出上好锦鲤）／喷白后的邻里界墙、修廊、酒曲山岩与青溪

匠作 15：叠石

所用石头品种大体分三类：一、当地喀斯特石灰岩石，色：灰、黑、青，质：有软有硬、有糠有坚，我呼之为青苔石；二、红玛瑙石，灰白带红，质地硬脆，多为平板状（不知此类石头真正的学名，该名是我给它起的小名）；三、河道石（王澍老师来此看后而戏称为"憨石"）。石头来源分三种：一、其他工地清理地基所弃被捡回的，二、石材市场购买的，三、甲方曾经囤积的（主要是红玛瑙石和河道石）。石类用法：显现的石头尽量用青苔石，没于水下或贴近水面者或挺拔高耸孤立者（如：含笑亭侧的峰石、东南园与庭院间的影壁石等）方可用红玛瑙石。叠石器械：南园、东园、北园均借助吊车进行施工，中园部分则借助吊葫芦。

| 捡青苔石／同上／甲方囤积的河道石
| 甲方囤积的红玛瑙石／同上／石场所购之石类

东园叠石

小石潭：紧靠西墙先以几块大石沉于水下，石与石之间留空以成水洞而蓄藏水之意，后于其上放置1～2块拙朴青苔大石，该石不能过高，高度控制在1m之内，并于岩顶天桥头引藤而下蟠于石顶；紧靠混凝土岩壁，以青苔石叠起，顶端选青苔片石依色彩深浅、纹理稀稠进行前后并置，色深、纹密者在前，色浅、纹稀者在后，石缝内植小灌木；于西侧主石侧旁安置1～2个露出水面200mm左右的小块青苔石，周侧没于水下200mm左右安置1～2块青苔石；于小石潭东北角置1～2块青苔石，石面控制与水面几乎相平；小石潭东南角置一青苔石，没于水下300mm左右。高差处：先以青苔石护住水口，再以青苔石叠出两大级、若干小级的瀑布。其余水池：散置青苔石若干。邻里曲墙深奥里：或紧贴墙体置青苔石，或于芭蕉、竹林土层内凸出若干青苔石。

| 小石潭基石／同上／小石潭实验一块板石，发现不宜，遂调整
| 上面大石落定后工人以小石垫至稳当后以水泥粘固／小石潭及藏水石洞／小石潭散石
| 小石潭组石／同上／小石潭散石

| 瀑布叠石 / 小石潭及藏水石洞 / 同上 / 瀑布水口叠石
| 瀑布叠石瀑下 / 瀑下结合酒曲岩顶排水口的散石 / 曲界墙凹处叠石
| 小石潭试水 / 同上 / 瀑布叠石试水
| 同上 / 瀑下散石试水 / 瀑布水口叠石及试水
| 酒曲岩顶瀑布水口叠石 / 酒曲岩顶瀑布水口近旁叠石 / 小石潭上天桥桥头石栏旁置石

北园叠石

圆门洞口：以龟石（捡来的）铺就水矶，再于其侧置几块小石，低于水矶300mm左右；其中有一拨施工队，自作主张，用毛石砌筑了一个水矶，毫无意韵，遂令其拆除。浅水池：围绕各种井盖置石成岛，于井盖上埋缸种植柠檬、藤蔓等。上、下水池的交接：在下水池内以普通青苔石做支架，其上紧贴水面放置大块红玛瑙石，使上面水池的水流在其上而后跌落而下，如此，可掩红遮艳；在浅水池边砌筑大小不一、前后参差的青苔石，保证石缝全部密封严实，以确保上面水池的水深，循环的水从专门预留的石隙、石缝、石顶漫下，以便形成瀑布；于石缝、石洞内种植水生植物。水池北岸：于岸边安置悬挑大石，水池内临近侧壁处散置若干青苔石，高出水面300mm左右，以与岸上悬挑大石进行呼应。云梯前、莲雾下、琵琶旁等散置若干青苔石，或平铺、或高起、或贴墙、或把角等。

| 北园高、低水池间叠石 / 同上、低水池之散石 / 同上
| 高、低水池间叠石及低水池之散石 / 同上 / 同上
| 同上
| 板桥两头及池壁叠石 / 同上 / 高、低水池间叠石及板桥

| 高、低水池间叠石及低水池之散石／同上／同上
| 同上／云悠厅圆门洞口、高、低水池间叠石、板桥头叠石／高、低水池间叠石及桥头池壁叠石
| 北池试水／同上／同上
| 同上
| 同上

南园叠石

小石桥：质朴青苔石板做桥身，一侧支于水池下预先放好的石头上，一侧架于岸边；靠岸一侧，桥头西侧置 2 ~ 3 块匍匐青苔拙石并没入地下约 50mm，石侧植藤蔓，石洞内藏室外防水灯；靠曲复廊，桥头东侧置一立石。西北角：平置几块青苔大石并没入地下约 50mm，石侧植树以伴石，树与石共同护佑水口。风韵亭侧水池内：置一露出水面 500mm 左右的携带植物之青苔石一块，与小石桥处石脉呼应。西边别墅庭院楼梯门洞前：置一高约 1.8m 带孔携草的红玛瑙石作影壁石，其侧植一棵沉香。门房石板桥：岸边桥头置匍匐青苔拙石并没入地下约 50mm，圆门洞口置青苔石若干。门房东侧水池岸边：三五成群、疏密相间地置若干青苔石，石侧植藤蔓。竹林里：散置若干青苔石，东侧竹林的石头需从池边发脉，数量要多于西侧竹林为佳。门房东侧曲复廊弯处水池内：原计划设置一石头砌筑的树池，内置水生灌木，然施工时，由于担心石隙过大而容易导致树池内土质流失弄脏大水池，遂将树池改为青砖砌筑，周侧置几块青苔石加以补助。含笑亭美人靠西侧临水池边：置 2 ~ 3 块高起约 1 ~ 1.5m 的青苔石，需与再西边竹林侧水池边的一堆石头保持一定距离。含笑亭东侧贴曲复廊的水池内：置青苔石两三块，保证露出水面并贴于曲复廊底板处。含笑亭东南角、侧对庭院介墙之洞口：置一高耸挺拔的玛瑙石，该石高约 3m，石侧植紫藤以缠石而上直至石顶而蓬开。东别墅楼梯入口门洞前影壁旁杨桃树下：置一大青苔石，没入地面 50mm，周侧植绣墩草。有个遗憾：在正式大规模叠石之前，曾经有一拨施工队在铺设地面时，也许是出于好奇与得意，在未经我允许的情况下，紧贴南园水池池壁，埋入若干小石头，且用混凝土牢牢地固定于混凝土池壁之上，颇为难堪（我戏称之为犬牙），拆除又恐伤及池壁而造成漏水，无奈只能保留；虽然后来正式叠石、种植时通过掩盖消解掉一部分尴尬，但仍感可惜。

| 南园石桥／水池试水／同上
| 门房内圆洞石板桥两侧的青苔石／同上／门房口坡道两侧之散置青苔石
| 南园西北角水口处置石／东南园与庭院间的石影壁／含笑亭东、西侧青苔石及东北侧挺拔红玛瑙石

西园叠石

　　该处叠石是后来做的，工人是先前叠石的那些人，故而有一定的经验。小山峡：只给工人出示了几个原则：一、平面的路径宽度控制在 1m，叠石高度不低于 2.5m；二、东、西别墅山墙上的烟囱、水表等处，放大起洞；三、石料依然选用青苔石，石缝和岩顶留洞置灯、留土种植。小庭院墙壁及朴树处：若干拙朴青苔大石相互堆叠，禁止起峰；起初，墙壁处一簇石，工人得意地做了个"山峰"，遂拆除重做。

| 小山峡（洞出水表、烟囱、排风扇等）／同上／同上
| 同上
| 小庭院介墙下之叠石：工人起峰叠石，不宜，遂令拆除／更改后的叠石／同上
| 更改后的叠石／小过道叠石／庭院介墙下及朴树旁叠石
| 青砖叠涩云桌／云桌桌面打磨／与鱼同饮几：水磨石／小柴扉

匠作 16：庭园铺装、云桌、与鱼同饮几、小柴扉

南园竹林内路径、小庭院入户路径：青砖立砌，灰缝为白色小石子水泥浆，打磨而成。小山峡路径：平石铺就，水泥砂浆填缝。水池沿线：青砖立砌，水泥砂浆填缝，不打磨。其余铺地：均为青砖立向干砌，不用灰浆，不打磨；最初铺过一遍，由于施工本身不够细致，再加后续施工拉车的碾压，地面破损严重，待园子基本工作接近尾声时，将所有地面又重新整修铺装一遍，且弃用方块席纹铺，而改为全部青砖立砌顺向铺。

云桌采用叠涩砌筑，下小上大，中间留槽养鱼、培花，顶面打磨；施工时工人大意，将埋入地下的基础抬到了地面之上，致使高度增加了 120mm，遗憾，只能配置相应的高座才能舒适，暂时没有遇到合适的坐凳，甲方排放几个新的石柱子以临时之用。与鱼同饮几，采用普通水磨石工艺，配置两个甲方收集的老旧石础作坐凳，对坐颇宜。小柴扉：30×50mm 槽钢 45° 焊接成方框，防锈处理后漆黑，其内夹置双层竹片编。

匠作 17：种植

所用植物均为当地常见物种。植物来源：一、植物园购买的；二、路边、山野、其他工地淘得的（修公路、其他高层小区平地抛弃的）；三、亲戚朋友赠送的。

门房坡道旁：一棵铁冬青、一棵油松（当地野外甚多）、一棵丛生紫薇、若干株腊梅和紫藤、地面植被为当地立交桥下普遍种植之物（我叫不出名字，路过时觉得青翠茂密，甚是可爱，遂与主人商议种植）。西南园：三棵油松、一棵沉香（替换了原来干枯不济的凤凰木）、一棵幌伞枫、一株番石榴、一棵荔枝、一株银杏、一棵野生的构树，若干爬山虎及霹雳藤。门房内：竹林，别处修公路即将被毁的一小片竹林被免费移植而来，该竹节细长而不发叉、皮青而润，顶端发叉，叶茂而青翠。东南园：一棵杨桃、一棵含笑、一棵多杆凤凰木、一棵九里香、一棵红叶树、几棵紫藤及若干霹雳藤。东园：凹壁内分别种植芭蕉、黄金竹、龟背竹，岩顶侧边临空处种植迎春，原建筑山墙处种植爬山虎、一棵九里香（瀑布处）、一棵番石榴（岩顶最窄处）、一棵紫薇（悬挑于小石潭山，原初种植一棵飘枝油松，未活）、一棵桃树（岩顶最宽处）、若干紫藤（天桥桥头）。北园：琵琶若干、一棵杨桃、一棵柿子、一棵莲雾、一棵荔枝（荔枝处原来为平婆，未活）、一棵九里香、两棵垂柳（原来是一棵大黄皮果，未活）、一棵牛甘果。中园：一棵平婆、一棵朴树、若干丛生灌木。小庭院：桂花、玉兰。所有廊顶、屋顶：均植三角梅，紫花居多。水池内：盆栽荷花或睡莲或水生灌木等，盆上密置鹅卵石或铁丝网以防鱼儿钻泥而污水体。

匠作 18：照明

分直接照明与间接照明两种。

门房：大门内外各设两个吊灯。曲复廊、果隔廊、西北廊：原初廊子内外均隔一定距离设置一声控吸顶灯做照明，竣工后经过数月的体验，主人提出只有声控不太实用，于是，将廊子内的声控感应灯每隔一个更换为手控灯。修廊：全部为声控感应灯。所有亭子及云悠厅：电扇底部均带有遥控开关照明灯。岩顶原建筑山墙及云悠厅屋顶：设置室外防水壁灯。

其余园内照明为间接照明：或藏于石洞、石缝，或藏于壁龛，或藏于竹林灯龛等。

修身养性
修园养园

甲乙相济

园子主人（许先生）之儒雅、大度、智慧、细致、节俭等美德令我无比敬佩，也是园子能够得以成形的重要保证。园主热爱植物，恰好相济我这满腹姿态意境而不辨科目的北方书生，堪称吾师；园主之修养与智慧，经常能给我许多好的建议与启发，堪称合作者。我们一起为挽救因修路即将破坏的一片竹林而跋山涉水，为碰到几棵如意松树而鞠躬祷告，为轻松淘到一棵廉价朴树而欢呼雀跃，为巧用几块剩石而光膀脱靴，为向工人示范而解怀挽袖，为讨论一个问题而彻夜长话，为某个设计或施工不尽人意而惆怅惋惜，为春节园子内光临一对喜鹊而欣喜万分（北方的鸟，南宁少见）……

设计施工

说造园之图纸推敲重要，无人怀疑；但还有一些图纸无法表达，需运筹帷幄或现场指挥并随机应变、当机立断，甚至将计就计或将错就错，等等，这在施工过程中亦相当重要，非常考验设计师的机智与果断。另外，不仅要以通俗的语言给工匠耐心讲解设计要领、出示参考，很多时候还需带工人一起去山林采风感悟、集思广益。容园叠石的工长陈海艺悟性颇好，又肯用心、且听指挥，为容园作出了不可或缺的贡献。

园有生命

当前似乎大多以抽象发力的作品，竣工之日，即设计定格之时，且竣工摆拍时设计作品也最为光鲜亮丽、纯粹干净，然随着生活的进驻、岁月的更替，作品往往要么霸道地"约法三章"，要么"忍辱负重""同流合污"，甚或"自暴自弃"，留下设计师无奈的叹息或激烈的咒骂（也许这本身就是"抽象"的宿命）。而园子，永无竣工之日，设计也将跟随生活修修改改、增增减减，永无定格之时，而设计的主角既有设计师、园子主人，也有无名工匠，更有老天造化。园有生命、更有性情，造园、修园、养园，设计师、园子主人、工匠与园子一起成长，一起修身养性。

反思教训

恩师教诲

一、南园曲复廊有迷恋造型之嫌，外围曲意待丰；二、南园的视线经营不够精到，未能很好地回避园外百米高层住宅楼；三、"浓墨重彩"的北园高、低水池间叠水，反而于"临水厅"内观赏不到，甚是遗憾；四、牌匾书法均由一人完成而非留待后人慢慢题写，不雅；五、造价控制得还不够好。恩师关于位置经营、语言精准等的点化，如醍醐灌顶，令我受益匪浅，我试图将容园设计中的种种在未来的设计中摸索消化。

自察反思

一、由于初期甲方公司内部意见分歧（因是组合公司，不同股东有中、欧之争，财权之分）使工程资金批复屡屡受挫，使我消极地放弃了东部四栋别墅之曲复廊外的环境设计（其实那里的曲复廊本身也已经被当初组合公司做了很大的变动：无论是走势，还是具体做法），但也许当时再积极一点，结果可能会比现在好些；二、"曲折尽致"除了物、形之曲外，意曲层面的思考还不娴熟；三、关于位置经营等的认识还很粗浅，倘若位置经营能精到，设计可事半功倍；四、对视线经营的克制与精微还差甚远，尤其在拜访董老师于容园之侧的"东园"（业主命名）后更是如梦初醒；五、对人之行为活动关照的精度和分寸还不够；六、当时由自己一人将所有牌匾题写完毕，实有显摆之俗意，现在惭愧不已；七、钢管外饰漆面本应采用烤漆工艺，而施工方却采用了普通刷漆工艺，由于日晒，导致部分钢管外的饰面油漆有起皮儿现象；八、百果隅之鲜果，容易诱惑游人于隅廊之顶采摘寻乐，从而有可能导致踩踏矮栏而坠落，原初栏杆有待设计弥补；九、整体的单位造价虽不及旁边欧式园林的70%，但离预期的50%还有一定差距，虽有施工组织不利导致较大浪费或由于原址回填土太多导致基础造价攀升等原因，但由于设计不足导致造价增加的地方也有不少，比如南园水池池壁无为的两向（水平和垂直）扭转导致施工难度加大、钢管柱内灌水泥耗费较大人工、曲复廊铺地及栏凳等的翻工、树木栽植方法不当导致成活率低（原因：基土多膨胀土或建筑垃圾、漏埋根部通气孔、土建施工时水泥浆水流进树坑等）、局部设计修改调整导致成本追加，等等。十、由于园子主人尚未正式入驻，园子的人气不足、打理不够，局部稍荒；十一、岭南气候导致目前在园子里活动时常遭蚊虫骚扰，现正在思考，尚无妙解。

椭园

项目名称：椭园

地　　点：广西南宁

场地面积：425m²

设计时间：2008.11—2009.01

竣工时间：2009.08

建筑师：王宝珍

结构水电：当地设计人员

施　　工：陈海艺等

实景摄影：翁子添　万　露　王宝珍

| 景 87：梯端路转

| 景 89：折廊瘦竹（左图）
| 景 90：折廊、蕉影玄关（上图）

| 景 91：折廊、方正堂（摄影：万露）（上图）
| 景 92：折廊、隙缝、主庭院（摄影：翁子添）（右图）

| 景 93：折廊、隙缝、主庭院（摄影：朋友）（上图）
| 景 94：折廊、静心处、小庭院、私语亭（未实施）（下图）

景95：折廊、主庭院、静心处、玲珑馆（上图）
景96：折廊、主庭院、乘风亭（摄影：翁子添）（下图）

景 97：折廊、静心处、主庭院、方正堂

| 景 98：庭院、乘风亭、方正堂、折廊

| 景 99：主庭院、折廊（摄影：翁子添）（左图）
| 景 100：主庭院、乘风亭、折廊、静心处（上图）
| 景 101：折廊、主庭院、静心处、小庭院（上图）

景 102：啊主庭院、桥廊、静心处、小庭院（摄影：翁子添）

景 103：折廊、玲珑馆、静心处、主庭院、小庭院

景 104：折廊、方正堂、小庭院

｜ 景 105：小天井（上图）
｜ 景 106：小格窗（摄影：万露）（下图）
｜ 景 107：玄关圆洞（右图）

| 景 108：玄关方洞（摄影：翁子添）（左图）
| 景 109：小庭院（上图）

| 景 110：静心处窗景

| 景 111：玲珑馆窗景（上左）
| 景 112：静心处窗景（上右）
| 景 113：静心处窗景（摄影：翁子添）（下左）
| 景 114：方正堂窗景（下右）

| 景 115：鸟瞰（摄影：万露）

屋顶平面图

一层平面图

1. 原有通往屋顶的楼间及储藏室 2A. 天泉池（雨天承接1顶及屋边坡顶的雨水） 2B. 小玉泉（屬于亭下） 3. 斜梯曲径 4. 来道玄关 5. 小折磨 6. 方正堂（接待） 7. 静心处（办公） 8. 玲珑馆（会议） 9. 栗风亭 10. 方正堂 11. 开水间 12. 健身房 13. 休息室 14. 卫生间 15. 储藏室 16. 余为庭院或天井（绿色为种植池）

楼梯下平面图

一层屋顶

二层办公

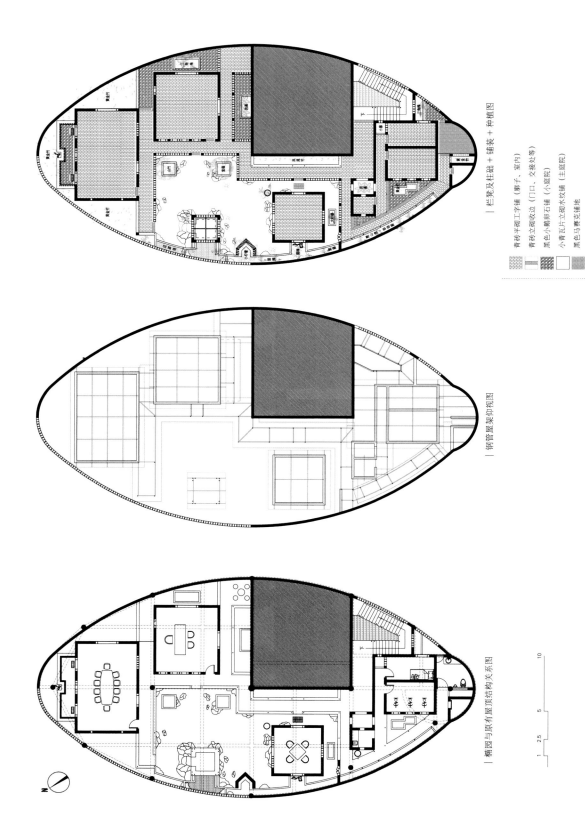

| 栏凳及柱础 + 铺装 + 种植图

| 钢管屋架仰视图

| 椭园与原有屋顶结构关系图

青砖平砌工字铺（廊子、室内）

青砖立砌收边（门口、交接处等）

黑色小鹅卵石铺（小庭院）

小青瓦片立砌水纹铺（主庭院）

黑色马赛克铺地

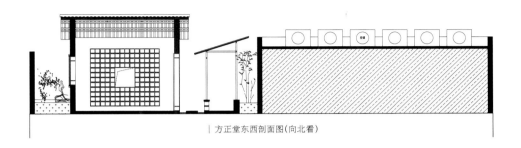

| 方正堂东西剖面图（向北看）

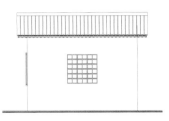

| 方正堂南北剖面图（向西看）　　　| 方正堂南北剖面图（向东看）　　　| 方正堂南立面图

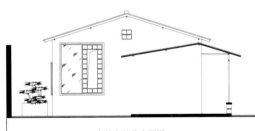

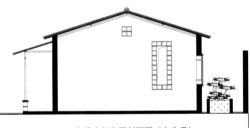

| 静心处北立面图　　　　　　　　　　| 静心处东西剖面图（向北看）

| 静心处东西剖面图（向南看）　　　　| 乘风亭东西剖面图（向北看）

1　　2.5　　　　5

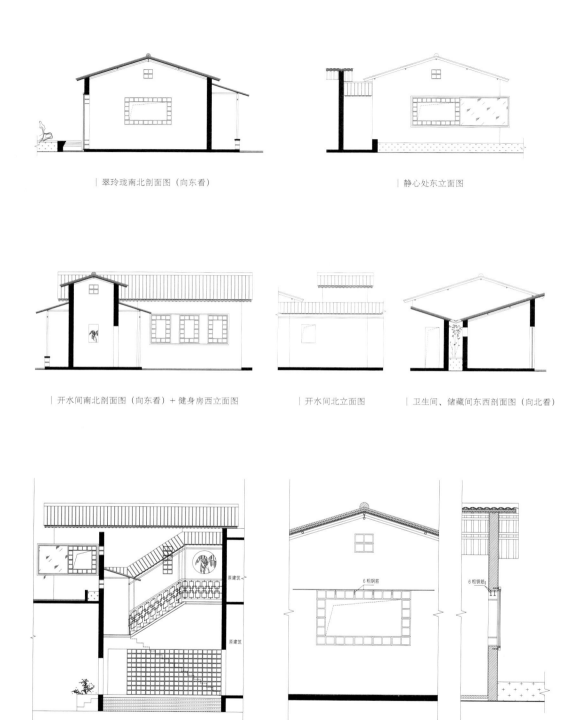

| 翠玲珑南北剖面图（向东看）

| 静心处东立面图

| 开水间南北剖面图（向东看）＋健身房西立面图

| 开水间北立面图

| 卫生间、储藏间东西剖面图（向北看）

| 楼梯剖面图

| 屋面及窗洞大样

| 墙身大样

场
地
任
务

场地

甲方有独立三层房屋一座，一、二层均为自家公司办公所用；三层则是为公司发展所预留的办公空间（425m²），只有四周围墙，墙高约 3m，墙内有花池等（图 14）。

任务

在保持原有建筑立面不变、原有建筑结构不变的前提下，对原先三层预留的办公空间进行设计，补充一办公室（30 ～ 40m²）、一接待室（15 ～ 20m²）、一会议室（30 ～ 60m²）、一健身休息室（30 ～ 50m²）及一些辅助用房（茶水间、卫生间、储藏间等，10 ～ 30m²）等；土建造价需控制在40 万元左右。

| 图 14：场地原状

造
园
意
向

巧于因借

借景，作为造园的重要手段，似乎已尽人皆知。然其只是"因借"思想中的一个小门类，计成在《园冶》开篇的"兴造论"中正襟相告：

园林巧于因、借，精在体、宜，愈非匠作可为，亦非主人所能自主者，须求得人，当要节用。因者：随基势之高下，体形之端正，碍木删桠，泉流石注，互相借资；宜亭斯亭，宜榭斯榭，不妨偏径，顿置婉转，斯谓"精而合宜"者也。借者：园虽别内外，得景则无拘远近，晴峦耸秀，绀宇凌空，极目所至，俗则屏之，嘉则收之，不分町疃，尽为烟景，斯所谓巧而得体者也。

因借，是一种高超的处事智慧；体宜，则是衡量手段优劣高下之法则。它们可谓"设计"这个行当的灵魂，故而计成才认为"非匠作可为"；否则，计必不成。

因物不改

前提 1：不是在地表造园，而是在已有的钢筋混凝土屋顶兴建；不能改变原有建筑结构，不能超出原有结构的荷载预留。

手段 1：在尽力将建筑实体、花池等荷载做轻的同时（轻，也恰是岭南传统建筑之所长），还要尽量将荷载靠近原有的建筑结构体——梁、柱。

前提 2：不能改变原有建筑立面。

手段 2：尽力使新增建筑物与原有围墙脱开。

因物不改，并非固执，实则"因借""体宜"发力之支点，亦是巧、妙之源泉。

正奇互成

计成《园冶》的"兴造论"：

故凡造作，必先相地立基，然后定其间进，量其广狭，随曲合方，是在主者，能妙于得体合宜，未可拘率。

如何"未可拘率"？关键是"能妙于得体合宜"，而得体合宜又全仗在广狭、曲直等一系列对仗关系中对分寸的拿捏。

办公室（静心处：6×5.6m）、接待室（方正堂：4.4×4.4m）、会议室（玲珑馆：8×5.4m）、健身休息室（4.4×5.2m）、开水间（2.1×1.9m）等均为实实在在的功能空间，若保证日常的舒适好用，空间必取方正。这些方正空间左躲右闪、随依合就，满足荷载及保持原有建筑外立面不变的同时，与椭圆形围墙及原有楼梯间发生关系，必将产生一系列奇妙的边角空间，恰作庭院之用。于是，正奇互成，各得其所；正者愈正，奇者愈奇。

疏密得宜

童寯先生在《江南园林志》的开篇出示了评判园子好坏的三个标准：疏密得宜、曲折尽致、眼前有景。

思量生活情形，以料理空间之开合、疏密。办公、接待、会议为公共、主体性空间，宜开敞疏朗；细察场地，北部空间较广，正宜这些空间。楼梯间、健身房、休息室、开水间、卫生间、储藏室等为私密、辅助性空间，宜合拢密幽；场地南部空间较狭，恰宜这些空间。另，疏密经营，还需心系一念，即：疏而不散，密而不塞；疏中有密，密中有疏。

曲折尽致

曲折，我以为应有两层含义，一者为实体之曲（小曲折），二者为关系之曲（大曲折）。

小曲折：楼梯，不仅有平面曲意，且有上下曲意，最宜作椭园之起首；以小折廊联系各个独立的功能空间，通达在先、折必有因：或就结构、或依原墙、或为风景等。

大曲折：期许在实体曲折等的基础上演绎出整个园子的广狭、高低、开合、幽敞、明暗等关系曲折。

眼前有景

计成云："俗则屏之，佳则收之。"由场地环视，三面高楼林立，即使有一面空虚，也无景可借，还挡不住其他三面无情的侵犯。于是，除了头顶的一片蓝天外，似乎别无其他。然"无景可借"亦是一种前提状态，需要园子在无外援的前提下，不仅要尽力"屏俗"，还要在自力更生上下功夫。

虽说三面有高楼威逼，但毕竟还有一面稍空，并非四面埋伏，还是有一线可乘之机的：所有的房子临近有高楼的三面，主庭院则安于空虚一侧。如此位置经营，可最大限度地"屏俗"：保证在所有屋内看不见高楼、在庭院内大大拉开高楼与园子的心理距离；这也正是经营主庭院与房子位置关系的主要原因之一。另，于广西闷热的气候而言，通风异常重要；外界虽"无景可借"，然有风可乘。上述布局，也恰利于外界风的导入。于是，高设一亭，名曰"乘风"，沐风把酒之时既能欣赏悠游闲鱼，又能于咫尺间回味鳞次栉比的瓦坡、天泉……

而于各种不同尺度的庭院，则小心砌池覆土，栽竹、植梅、种树、育藤、养蕉等，在塑造不同景致的同时，关照出横幅、竖幅、圆幅、套幅等多样的室内窗景。

真假成趣

将原有楼梯间及储藏室屋顶的雨水收集，沿陡墙泻入椭园小梯下特设的水池，楼梯间似乎就乐意我为之所起的外号了——"楼梯涧"；场地所限，无缘大池深水，遂特意用小青瓦片以水波纹铺漫主庭院、任青苔滋生，随后三五成群置几块闲石以助兴（原设计还有石缸荷花，未实现），并以青砖叠涩出的树池舫头作侧应，再于乘风亭侧、下方（乘风亭的地面为玻璃）引勺水作引子，若再有屋面瓦垄流下的天泉相诱，真水假水，交融成趣。虽在空中，犹如地面；虽在人间，犹如天泉。

低技、低造价

选择最普通的材料：加气混凝土砌块，空心混凝土砌块，废旧瓦片及青砖（甲方廉价收集），脚手架钢管、小工字钢、花纹钢板、杉木条及杉木板、普通泡沫板，当地常见易生植物（藤蔓、芭蕉、竹子、三角梅、紫薇等）；简单的结构：推演、改良当地民居结构（图15、图16）；简单常见的工艺：当地普通农民工均熟练掌握的技术。最后，土建与装修（除红木家具外）的整体造价，控制在了60万元以内。

| 图15/16：当地民居
| 楼梯／折廊／折廊
| 折廊／折廊

工法匠作

匠作 1：楼梯

楼梯：工字钢与折弯的花纹钢板焊接而成；栏杆：10×10mm 小方钢管预制的菱形或方形标准框前后焊接而成，如此可大大节约人工成本；扶手：铁力木扶手。

匠作 2：折廊

梁柱：48 脚手架钢管、焊接、防锈处理后漆黑，部分横梁插入房子墙体。柱础：柱子插入混凝土空心砌块，后浇灌混凝土。栏杆：混凝土空心砌块砌筑，以青砖压顶。廊地：青砖平砌（灰缝为白色小石米水泥浆），硬化后打磨。廊顶：20×50mm 杉木条做椽子，10mm 厚杉木板做望板，小青瓦正反扣做屋面。

匠作 3：房子

所有房子工法基本一致。墙体：单层混凝土空心砌块（200mm 高）做基础以防潮，粉刷后再刷防水黑漆做踢脚线；加气混凝土砌块砌筑做墙身，粉刷后漆白。窗 1：混凝土空心砌块砌筑做洞缘（大跨者以6mm 粗钢筋钩拉于砌缝），刷桐油 3 遍（最初试验对比了刷清漆的效果：清漆浸入度不够，且发贼光，不够润），黑色铝合金框玻璃窗及纱窗外挂于外墙（在屋檐或廊子的庇护下，防水无忧），确保室内看不到铝合金框。窗 2：混凝土空心砌块砌筑，粉刷漆白。门：铁力木格栅平开门 + 普通玻璃推拉门。地面：青砖平砌，灰缝为白色小石米水泥浆，硬化后打磨，并涂刷桐油 3 遍。屋架：通长 48 脚手架钢管，上下搭接相焊，翠玲珑的跨度较大，故而屋脊处附加一钢管并竖向焊接一 10mm 厚钢板以作加固，防锈处理后漆黑。屋面：20×50mm 杉木条做椽子，10mm 厚杉木板做望板，50mm 厚泡沫板做隔热层，小青瓦正反扣做屋面。

匠作 4：亭子

梁、柱、屋面做法均与廊子同。底座：混凝土空心砌块砌筑，外侧粉刷漆白，内侧砌 100mm 厚加气砌块并以卷材防水。地面：钢架 + 透明玻璃。美人靠：铁力木榫卯制作。

匠作 5：庭院

铺地：主庭院，50mm 厚小青瓦水波纹立砌，硬化后打磨；小庭院，黑色小鹅卵石铺地。池子：主要以 120mm 宽青砖砌筑作池壁（个别叠涩池壁为 240mm 宽），覆土厚度控制在 500mm 左右，均留孔排水透气。散石：三五成群，埋于铺地之内，所选石头即广西当地的石灰石。排水：利用原建筑的排水口；健身房旁的小廊下，为了辅助花池排水，甲方结合原有铺地砖缝，巧妙地制作了一排水"小溪",甚是动人。

所用植物均为当地之常见。玄关小院植芭蕉;方正堂东侧折廊缝隙植凤尾竹,转角处夹植一棵龟背竹;方正堂南侧花池植大柠檬一小棵,西侧溜墙花池植爬山虎若干、腊梅若干,西北侧砖筋内植小柠檬一大棵,东北侧盆栽一棵紫藤;主庭院东北角廊子转折处花池植山竹一棵,东侧廊子转弯处花池植紫薇一棵,乘风亭东北角植紫藤一棵,乘风亭西侧池子边植迎春两丛;静心处东侧花池植三角梅一株,南侧花池植芭蕉两三棵;翠玲珑东、西、北侧花池遍植黄金竹;开水间西侧廊子侧边溜墙花池植爬山虎若干、铁线蕨若干;健身房西侧花池植黄金竹,卫生间与储藏间之夹缝亦植黄金竹;其余小庭小花池均植三角梅或小爬藤;庭院石缝则散植铁线蕨或绣墩草。

| 小青瓦正反扣屋面 / 抹灰前的墙体与窗洞 / 混凝土空心砌块刷清漆实验,效果过油腻
| 混凝土空心砌块刷桐油实验 / 屋架 / 屋架
| 乘风亭底座 / 铁力木美人靠与玻璃地面 / 施工中的美人靠与钢管柱
| 小青瓦片立砌铺地 / 青砖叠涩花池及鹅卵石铺地 / 花池、散石、铺地 / 甲方巧妙制作的花池小排水

教训反思

教训 1

董豫赣老师说，在我设计的园子中，他比较喜欢椭园。然他还提醒我，椭园设计的一个败笔，是乘风亭，我已深解其意：一、屋顶在四围的舒展不够，若是能改为一平顶花架，四周各出挑700mm 左右，可能比较好；二、由于没有料到水池上悬空玻璃地面的底面会生苔，故而没有设计合适的打理方式，致使往亭下赏鱼的体验不佳。

教训 2

由于原有屋顶预留的荷载有限，原计划室内及廊子铺地由原来的 120mm 厚青砖立砌改为 60mm 厚青砖平砌，致使室内外高差较小，为了防止雨水灌入室内，在廊子围栏下设置了120mm 厚的青砖立砌栏槛，平时防水无忧。但是，由于屋顶排水口曾被落叶封堵而无及时清理，致使夜间暴雨天，主庭园水曾漫入到室内。补救办法：做一隆起的铁丝网罩，笼于原有凹于地面的排水口。

竹可轩 · 虎房

项目名称：竹可轩·虎房

地　　点：广西南宁

功　　能：农场工人及管理人员的就餐、休息、接待大棚（竹可轩）；
接待、办公、厨房、卫生间（虎房）

设计时间：2013.05—2013.08

竣工时间：2014.08

业　　主：广西振泓农业科技发展有限公司

建 筑 师：王宝珍

结构水电：当地设计人员

施　　工：陈海艺等

实景摄影：翁子添　王宝珍

景 116：远望竹可轩、虎房（摄影：翁子添）

| 景 118：竹可轩与虎房（摄影：翁子添）

| 景 119：竹可轩一角（摄影：翁子添）

| 景 120：竹可轩屋架（上图）
| 景 121：竹可轩屋架（右图）

景 122：竹可轩夜景（摄影：翁子添）

| 景 123：竹可轩夜景（摄影：翁子添）

| 景 125：虎房接待竖窗景

| 景 126：虎房圆洞

| 景 127：虎房圆洞景（左图）
| 景 128：虎房方窗景（上图）

景 129：虎房庭院与大台阶（摄影：翁子添）

景 130：虎房大台阶细节（向董豫赣老师致敬）（摄影：翁子添）

| 景 131：虎房排水口

| 景 132：虎房屋顶平台

| 景 133：竹可轩屋顶

| 景 134：虎房屋顶平台

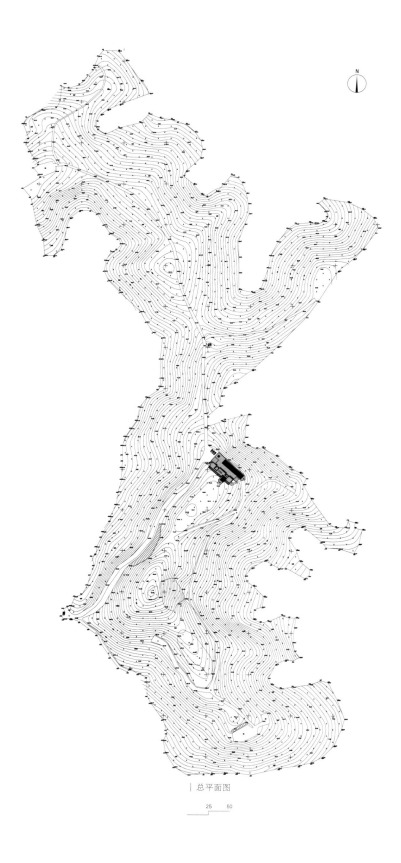

| 总平面图

25   50

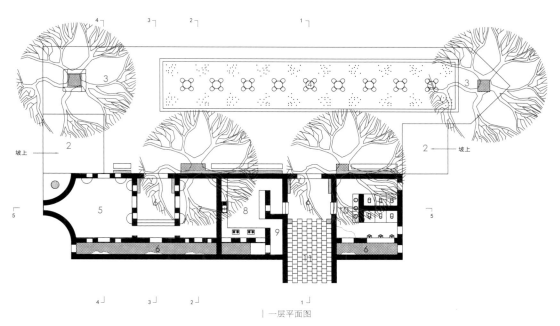

| 一层平面图

1.次生产路 2.坡道 3.平台 4.竹可轩 5.接待 6.庭院 7.办公 8.厨房 9.上，烟囱；下，储藏 10.卫生间 11.大台阶

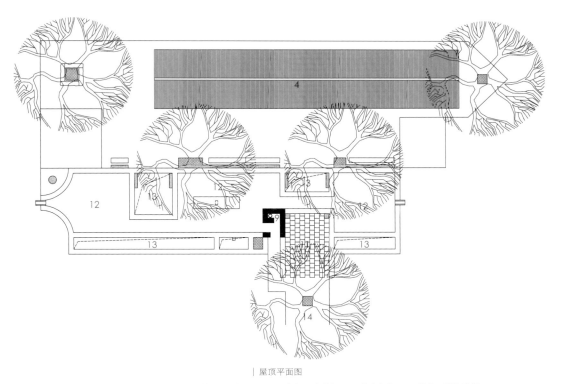

| 屋顶平面图

4.竹可轩 9.上，烟囱；下，储藏 11.大台阶 12.虎房屋顶平台 13.庭院上空 14.通往二期的路径

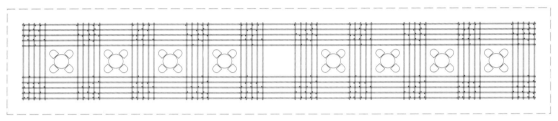

| 竹可轩屋架图 1（纵梁 1·横梁·柱子关系）

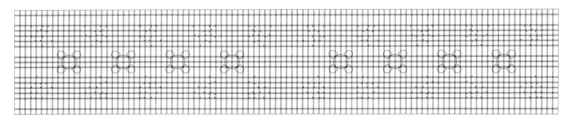

| 竹可轩屋架图 2（纵梁 2·横梁·柱子关系）

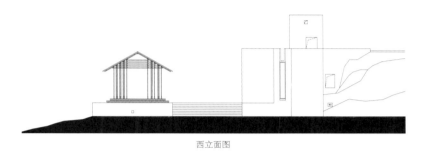

西立面图

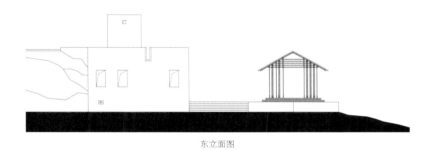

东立面图

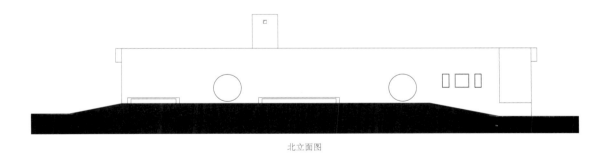

北立面图

1 2.5   5   10

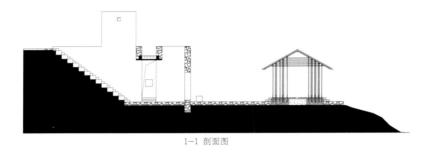

1—1 剖面图

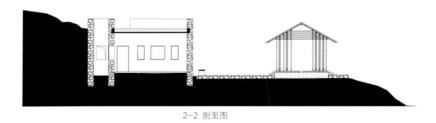

2—2 剖面图

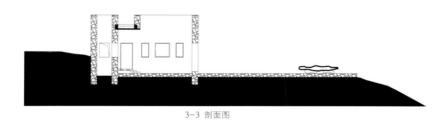

3—3 剖面图

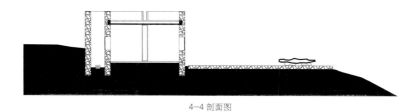

4-4 剖面图

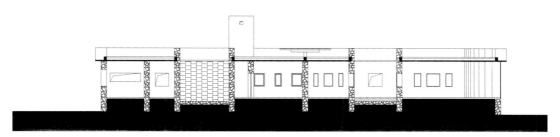

5-5 剖面图

任
务
意
向

任务

以较低的造价为火龙果园设计一房一棚：一房需含一办公室（约 30m²）、一接待兼会议室（约 40m²）、一厨房（约 30m²）、一卫生间（约 40m²）；一棚则为就餐、休息、接待之用，面积约 150m²。房与棚均需与农场环境相协调，个性但不张扬，为未来发展农业旅游作铺垫。

意向

选址

基地选于农场主、次生产路交叉口，并分列于次生产路两侧，可图便捷；背山（小丘）临虚，一览秀美山川，兼得私密后勤；本非汭位（汭：河水弯抱处，为凸岸），恰得来水、去水之景致；空谷诱风，正调广西常年之闷热（图 17）。

| 图 17：基地原状

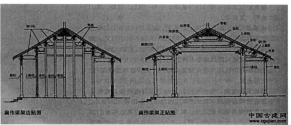

| 图 18（左）：《夏山图》　五代·董源
| 图 19（右）：传统穿斗式、抬梁式

竹可轩

意向 1：仿效"窗含西岭千秋雪，门泊东吴万里船"一样的大借景。

意向 2：举重若轻。

五代董源《夏山图》（图 18）中密林旁侧有一水榭，榭下一隐士悠闲自得于山水间；水榭柱细而密、高而瘦，若竹林，轻轻盈盈地支撑着歇山大屋顶，尤增高士之飘逸。

意向 3：传统抬梁式与穿斗式屋架（图 19）的建造手法与意象，及梁架上、坡顶下三角空间的神秘与无尽。

意向 4：密而不实的空间之隔。

意向 5：纳和风，化台风。

虎房

意向 1：以爬山虎饰面的厚重、朴实的虎皮墙，收束易滑坡的山体，包藏私密的后勤空间，为竹可轩提供一"峭壁"背屏，并与其形成开合、幽敞、轻重、高下、深浅等势。

意向 2：构建小庭院，捕风捉影，服务私密后勤。

意向 3：塑造横幅、竖幅、圆幅等多样窗景。

意向 4：保留场地原有石头，巧设室内小景，或嵌墙、或当道……

意向 5：巧合山顶与屋面，由错落台阶登临而上，可乘风览景、品茶饮酒、鉴果怀远……

工
法
匠
作

竹可轩

匠作 1：基座

以当地普通红砖立砌铺就，转角处以混凝土加固。

匠作 2：柱础

原设计是将 60mm 粗钢管埋于混凝土基础垫层内，并露出红砖铺地 200mm，再将竹子插于钢管内，钢管防锈处理后漆黑，再以防水胶封填竹子与钢管之间的缝隙。施工时，工人粗心，将标高弄错，原先预计露出红砖铺地 200mm 的钢管只能平红砖铺地。若竹子脚部直接接触地面，很快就会腐烂。反复研究后的解决办法：将 55mm 粗的不锈钢钢管插于原来的钢管内，露出地面 200mm，再将竹子插入不锈钢钢管内，并以防水胶填缝。塞翁失马式的收获：每根竹子的不锈钢钢管柱础会反光、反射，更加剧了竹可轩的漂浮之感。

| 基座／混凝土转角
| 原设计的钢管、混凝土基础垫层／新补增的不锈钢管柱础

匠作 3：柱子及屋架

竹可轩的柱子及屋架所用竹子均为当地毛竹，粗 50mm 左右，约 5 元／根。 使用竹子的技术难点是防腐、防白蚁，原计划按照当地传统工艺进行：先阴干毛竹，再浸泡于石灰水或柴油内若干天直至浸透，而后捞出阴干即可，如此处理可使竹子有 10 年以上的耐久性。施工时，由于工期、造价、施工条件局限等原因，经协商采用了外刷柴油的简便方法：每根竹子外涂刷柴油 6 遍，工长说至少用 7～8 年没问题。可是，我对竹子的耐久性还是有些忐忑，也许未来每年需要对竹子进行一些适当的维护。

竹子与竹子之间的连结，在尝试了绑扎、脚手架扣接等的试验后，决定均以螺纹杆相连结、并以螺帽饰头。此法之优势：牢固性较好、节点体量小（不明显）、简便易行、造价低。视觉上弱化了节点，更加有利于彰显整个建筑的精干。自建成起，竹可轩已历经两次台风而无损。

| 阴干前的当地毛竹／处理后的当地毛竹／螺纹杆＋螺帽的连结方式
| 栽竹／检查栽种的深度及牢靠度／搭梁架
| 搭梁架／搭梁架／搭梁架
| 搭梁架／搭梁架／施工过程中需用防水布以防下雨、防暴晒

| 当地杉树皮屋面／杉木板作望板／杉树皮下以彩条布做补充防水

匠作 4：屋面

由于造价限制，最初屋面设计的是石棉瓦；待屋架施工完毕，气象已出，业主来了兴致，决定再追加一部分投资，将屋面材料更换为当地杉树皮。杉树皮屋面常见于两广地区的公园或民间房屋的屋面。最终屋面 = 当地 10mm 厚杉木板作望板 + 普通防水布 + 杉树皮屋面。

虎房

匠作 1：墙体

以当地民间护坡常用的虎皮墙做墙体，墙厚 500mm，室内粉白。施工过程中，工长好心，让工人勾缝后，认真地在缝的中间做槽并涂黑，还隆重地向我展示，结果却使我哭笑不得。我以"乡下老妇描眉涂红的浓妆"的比喻来告诫他立即住手：太花人工、又失质朴，如此将出力不讨好。随后给他出示了最简单的补救办法：没做的按照普通虎皮墙的勾缝即可，已做的"黑槽"用水泥稀浆加以涂抹覆盖。

墙体转角处，原计划以虎皮墙直接转折即可，既简单，又有利于彰显建筑的朴实体量及材料的厚度与质感，从而为竹可轩提供一质朴的厚实"峭壁"。工人又是好心，将角部以混凝土抹灰做包边。如此，墙体的厚实体验将折损大半，与石片贴面墙就无法区分。幸好发现得早，及时叫停并作出改正。

匠作 2：洞口

造价使然，洞口处理分两种：卫生间、厨房等空间的洞口较隐蔽，直接以混凝土灰浆做洞侧处理；而两个圆门洞、接待室、办公室的窗洞等以 10mm 厚耐候钢板做洞侧处理，既助支撑，又能使框景更加精致。

匠作 3：铺地、台阶、嵌石

虎房室内均采用素混凝土地面；庭院及次生产路房子段铺地均采用平整毛石铺砌、缝内灌水泥浆。大台阶以普通红砖砌筑：平砌基座 + 立砌压顶；小踏步则是普通红砖立砌收边。保留清理山坡时残留的一块大石，毛石墙跨骑而筑，并小心留出通往卫生间的小道。

匠作 4：屋顶

屋顶为普通的钢筋混凝土顶，防水隔热处理后以普通红砖平砌铺就，以供漫步。就着中间隔墙及跨梁，以单柱起高而后悬挑出 100mm 厚钢筋混凝土板做长桌，以供烧烤、品果之用。与 500mm 厚墙体同厚、高 800mm 的毛石墙顶以 30mm 厚素混凝土做压顶成就女儿墙，以做台。排水口则直接以素钢筋混凝土浇筑而成。

| 墙体施工／圆洞口砌筑／弧墙砌筑
| 毛石墙勾缝前／工人的"好心"黑槽勾缝／补救实验／工人"好心"墙角抹灰边
| 墙角修改／修改后的墙角／室内水泥找平后粉白
| 混凝土灰浆洞侧／耐候钢板方洞侧／耐候钢板圆洞侧／庭院及次生产路房子段毛石铺地施工
| 红砖大台阶／石头与墙／石头与墙／女儿墙台、红砖平铺地
| 烧烤、品果台／排水口／排水口

反
思
教
训

教训 1

本以为门窗采用当地民居的木头门窗做法就可节约造价，而实际发现反而不经济；另外，由于木头门窗没有彰显出木头本色，故而大可采用合金窗来代替。

教训 2

竹可轩已建成将近两年，目前发现个别竹子有些许虫眼，主人每年做及时维护还好，若有疏漏，估计七八年后可能需重新翻盖。也许当初坚持一下，再稍微增加一点预算，严格按照当地传统做法对竹子进行全面深入处理，提高两倍的使用年限是没问题的。

四篇答问
FOUR Q & As

答吴洪德问

一般性问题

问：先从八卦开始。我接触的当时北大（建筑学研究中心）同学里面，你的个性很独特。我自己观察也觉得你很有传奇色彩。给我留下深刻印象的有几件事情：第一个是当时去你寝室，发现你的书架上只有三本书，《资本论》上、中、下卷。我一下子很震惊，半晌回不过神来。当天我们俩讨论一些问题，发现谁都听不懂对方说什么。第二个，你一过来就做了几件家具，还总拿些砖块摆来摆去。我当时沉浸在读书、写论文的状态，虽然觉得好奇但也没过多请教。第三个是听说你拿了SOM旅行奖学金的时候，和马岩松对话也发生了困难。我挺好奇这些事情的。借这个机会我想问一下，关于这些轶事，你有没有可以分享的内容？

答：这个要从十多年前的考研说起。记得考前四个月左右我才决定改变毕业后直接参加工作的计划，转而报考北大建筑学研究中心。政治、英语是大难题，尤其是政治，根本看不进去。直到看马哲时，才来了点兴趣。于是，我不务正业、顺藤摸瓜，了解到了马克思与黑格尔、费尔巴哈的关系，后来又了解了马克思与哈贝马斯的关系，再后来又从马克思了解到胡塞尔，又从胡塞尔了解到海德格尔。说来挺逗的，我了解到现象学是从马哲进入的。后来才知道现象学在建筑界很火，呵呵。不过，我当时只是看了一些导论，是非常非常粗浅的了解。其间，在街边旧书摊上看到了马克思的《资本论》，很便宜，就买了，简要翻了翻上部，兴趣不大，再看看时间，快考试了，就放下了。考完研，我迷上了冯友兰，看了他的《中国哲学简史》《中国哲学之精神》等，由此又重温了《道德经》和《庄子》。北大开学之际，我整理下原来的书箱，发现以前买的书，还有几本没读，就是这个《资本论》，于是就带着去学校了，想着有时间再翻翻，看看它到底有什么厉害的，能不能发现点乐子。这就是当时你来我宿舍看到书架的情形，其实后来我也根本没有仔细再翻过，读不下去。

关于做家具和摆弄砖头，其实都与当时的学习和研究有关。由于条件所限，不能像师兄们那样亲自动手去盖房子、做实验，于是，我就只好琢磨家具了。当时中心有两根儿原来工地遗留的废旧木料头，一粗一细，大约都70公分长，我将其捡回，思忖着看能不能以我个人目前具备的技艺、劳力和50块钱做把椅子。仔细研究了这两小节木头，巧用了其原有的通长裂缝做出设计，而后就开始动手制作了。先削去木料头上及表面原来腐烂的部分，打磨上清漆（清漆是原来中心装修剩下的，不用花钱），每刷一遍，待其干后打磨，而后刷下一遍，整整刷了13遍，最后木头的表面非常温润，由于施工时手上总是沾满杂物，每次我都是用脸来感受的。上漆的同时，我骑车去五环建材市场买了根螺纹钢、30×50mm钢管、小瓶喷漆等辅助材料，回来自己切割、焊接、打磨、喷漆，又在中心找了些废旧的塑料包装条，记得花了我将近一个月的时间才做好，现在好像还放在中心（图20）。而说起摆弄砖头，也是一段美好的回忆。读书期间，董老师开设了一个关于砌体的周四论坛，在研究、学习的过程中，很多东西会刺激我，使我情不自禁地去思考设计，我时常会用中心堆存的砖瓦去推敲、实验自己的想法。其实，后来 SOM 国际竞赛的获奖作品就是我以砖为材做的一系列设计。

关于 SOM 对话，不是跟马岩松，而是马清运老师。SOM 设计总监在上海宴请获奖者，用英语问我喜欢哪位建筑师，喜不喜欢马清运，我的英文听说很差，听得似懂非懂，也只会说 YES 或 NO（说来惭愧，研究生面试及后来在"非常建筑"实习时，张永和老师就曾为我的县城级英语而忍俊不禁）。由于那些年我一门心思在做自己的研究，很少关注外界，也不十分了解马清运老师，印象中他盖的那些大房子与我的性情差异较大，故而我就实话实说了 NO。席间，SOM 设计总监大笑，让翻译告诉我说，马清运老师是本次竞赛的评委之一，他很喜欢我的设计。

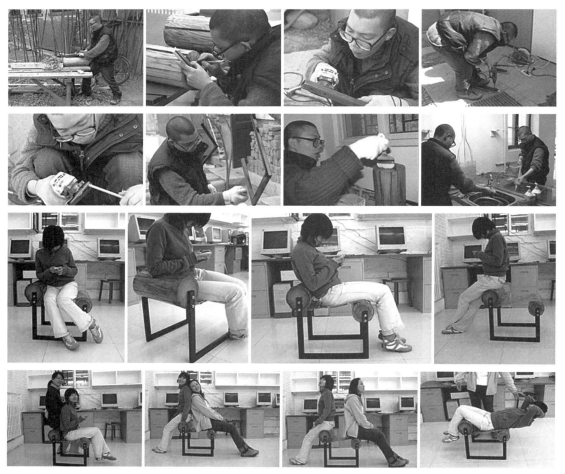

图 20：凳椅设计、制作、体验实验

问：你的工作大多和园林有关系，但也有很当代的设计；你讲设计所用的话语很多也和中国园林文献有关系。你是怎么看待中国园林的传统和你的工作的关系的？你的建筑观是什么，哪些知识、哪些建筑师的工作，对你有特别的意义？你认为自己的工作有明确的线索吗？作为一个初出茅庐的年轻人，让你能七年坚持默默待在一个地方的信念是什么？

答：在回答这几个问题之前，先闲聊一下吧。

我成长于非常传统的家庭，求学中又幸运地遇到了恩师董豫赣，因此中国阴阳文化就成为我整个学习的"母乳"。无论它有多少化身、载体：哲学、军事、医学、音乐、文学、书法、绘画、建筑、园林等，其中让人津津乐道、念念不忘之"妙"，似乎又非常相通，甚至所描述、议论的语言也都异常接近。在平时的学习、生活中，我最喜欢体会、玩味这些个形形色色之"妙"，至于途径、来源、出处、系统，我有些不在乎，只要能启发我去思考、设计，我就激动不已。我最在乎的是实战设计能否感人、使人动心，或者说是否"妙"，而"妙"笼统地讲是于阴阳交合中生化出来的，但重要的机关则在于对阴阳交合的时机、方式、分寸、力道等的细腻把握。而这也恰恰是衡量中国传统文化中各路圣贤、大家、俊杰之能力高下的重要标准。这里面的学问实在太大、太深了，我没有能力用语言将其讲清楚，只是浅尝到一些滋味并试图运用而已。它需要一个人平心静气、长年累月慢慢地去琢磨、体味，举一反三、融会贯通（道），同时还要不间断地积累、锻炼具体的手段和招式（术）。如此，不仅不会因庞杂而走火入魔，且能取长补短、兼容并蓄；不仅能增强内力，还能使招式更加凌厉且运用自如。于是，也自然不会纠结和闷于类似传统与现代、传统与当代、东方与西方等这些问题。相反，于我而言，它们还是生化"妙"的重要途径之一。不知以上闲聊是否已间接回答了刚才问及的几个问题！

至于"七年坚持默默待在一个地方"，这主要与我的性情有关，我比较喜欢沉静一点的生活，不太爱凑热闹，会以设计的激动、兴奋和偶尔的外出交流、学习为调节。在我的心目中，设计包括几部分：图纸阶段、施工阶段、打理阶段及各个阶段的相互磋磨。前些年的设计，每个阶段都是我亲自完成的，所以我也没有时间去参加太多的活动。另外，我也学不会同时做两个或两个以上的设计，否则，我就会手忙脚乱，心绪不定；状态不对，设计就做不好。

问：好像你来江南亲自看园林很少，那你是怎么建构自己的"意义世界"的？广西武鸣的明秀园应该去了多次吧，那个场景，以及当时和董老师一起的工作对你有没有影响？当你遇到不熟悉的问题，如材料、树种、假山堆叠时，你是怎么作出判断的，有没有"典范"在背后？对你来说，"好"与"不好"的标准是怎么建立的？

答：先前由于种种现实原因，致使我来江南亲自看园林的次数很少，记得总共才两次，两次都是和董老师一起，一次是2006年，一次是2009年。江南园林，作为我学习中一个很重要的组成部分，虽说有董老师的言传身教，及经典著作的阅读、山水画观摩，但由于不能经常亲身去感受，还是一大遗憾。无奈中我采用了一个较笨的方法，刚学习园林的那几年，每年春节放假期间，我把网络搜索引擎上搜到的所有照片下载下来，每年可能有成千上万张照片，而后对着童寯、刘敦桢先生所测绘的平面图，找到每一张照片所拍摄的角度及位置，我就想象着自己就是那位拍照的游客，把这些场景浮现在眼前，去体会、琢磨。由于网络照片大多都不是专业人士所拍，故而，有的角度很雷同，有的又千奇百怪。几年下来，甚至会发现有的地方今年更换了植物，有的地方门洞被碰坏了，有的地方墙又粉刷了一遍，等等，也挺好玩的。这个过程，对我认知江南园林也有很大的帮助。不过，以后我还是要多往江南跑跑，多沾些灵气，哈哈。

除此之外，我每年至少会去山里或乡村两次，以此去体会、感受人与山水、土地、树木等的关系。也可能是我从小生活在乡下，我老家在伏牛山脚下，从小去地里、山里干活儿或玩耍，对自然这些东西有种莫名的感情。另外，我对文字不太敏感，即便理解了意思，也记不住。但我对图像或场景相对比较敏感，不敢说过目不忘，至少能记很长时间，小时候发生的事，玩过的地方、场景，那些细节我还都能记得一清二楚。

说起明秀园，那是 2006 年暑假，跟着董老师在广西武鸣的明秀园住了 1 个月左右，董老师教诲的情景至今我还历历在目。他手把手的批评教导，真是我三生之幸！当时我在董老师的指导下，负责一个小平台的督造和一个小榭的设计，最后小平台的设计得到了实施，当时心里甭提有多高兴了。小榭虽然没有实施，但竹子这种素材在我心里埋下了种子。接下来的几年里，有合适的机会，我就会琢磨这个事，虽然屡屡失败，但每次琢磨，都有一点点的进展。2013 年的竹可轩，就是从那时的思考演变过来的。

关于建筑材料，我大多会用自己相对比较熟悉的、常见易得的。而植物，我比较关心它们的姿态、形色、质味等性征给人的感受、体验，以及它们能诱发或构建出什么样的场景与氛围。其实，做容园之前，我也就知道北方农村常见的树，大多也都是我小时候爬过的、玩过的，比如：国槐、洋槐、泡桐、榆树、杨、柳、构树、椿树、桑树、皂角树、石榴、苹果、梨、枣、竹子等。可到了南方，我什么都不知道了。幸好，容园的主人非常喜欢植物，可谓是专家，也是我植物学习的导师。于是，我就给他描述我的意思，比如：这个场景、氛围是什么，这里我想要一棵能长得比较大的树，它的树干要能舒展开，要舒展到什么地方，它的树干需道劲、苍老些，树叶需半透光；那里我需要一棵歪脖子树，树枝要探到什么地方，等等。接着，甲方或他的助手就带我去苗圃或朋友处看，我们会对着树"评头论足"，然后设身处地地想象是否与我们的场景相配。有时候，甲方会说他特别喜欢一棵树，带我去看，看后我也觉得不错，于是我就会调整或补充先前的设计。后来，我在去学校、公园、山上、乡下等地方时便会有意识地观察、体验植物给人带来的受享。关于堆叠假山，做容园时，我没有信心能做好，故而，不敢玩大的，只敢依水或局部做些置石尝试。容园的后期，有个机会，就是东西两栋楼之间由于室内的恒温泳池在山墙处会出现一个排烟管、排气管及一大堆表箱，我就鼓足勇气决意在那里尝试一个小峡谷。有了这些，我在随后的"曲园"（半亩·河南），才敢尝试结合围墙做了个峭壁山；也正是有了这个峭壁山，我打算在目前正在做的"半亩洞林"（半亩·河南）里尝试堆个大一点的山。

说到"典范"，一定是有的；但不会像有些玩概念的做法，往往给两张图片之类，一左一右或一上一下，貌似严格、清晰地去对照。于概念设计者而言，为了保住或保护概念的清晰、纯粹，往往需要屏蔽掉所有不利于彰显概念的东西，尽量严格对照，作者害怕别人说他的概念不清晰、对照不起来。其实，即便能对照起来又如何？关键还是要看这个概念放到现实里会如何，有何用，解决了什么问题，解决得好不好，对产生的副作用应对得如何，别是打死了一只狼、却来了一头虎，或者现实中当初做概念时曾屏蔽掉的那些"眼中钉""肉中刺"的东西稍有露面就使那个"香饽饽"

概念满盘皆输！而我的"典范"，可以说有，但不能完整、清晰地一一对照起来，其原因与我的学习和操作方式有关。我观摩山水画、去山里或民间采风、研习江南园林、剖解大师作品、沉淀日常生活等，我会记录打动我的那些东西。截至目前，我已有十几本的记录或小设计。但当真正实践时，原初打动自己的那些素材，一旦结合现状条件，很多时候它们往往不能直接被呈现或单独被呈现，甚至被修改得七零八碎、面目全非，也或许由此产生了些新的东西，有点塞翁失马的意思，也或者是几个东西拼凑搓揉到一起，杂交变异出来一个东西，等等。就像率兵打仗的将领，不仅要熟读兵法，关键是要能随机应变。结果，我们很多时候只可寻摸到一些似是而非、似曾相识、恍恍惚惚的影子，却不能一一明确、无误地对应。我非常喜欢在设计时把控这样一种状态。于我而言，无论素材或典范成为设计的"嫡系子孙"，还是成为"远房亲戚"，甚或只是成为诱发佳境的"引子"，都不重要，关键是看产生出来的东西放进现实后是否感人、使人动心，是否巧妙，而不只是看它的出身、出处、来源或说法儿，等等。

接下来我们聊一聊"好"与"不好"的标准吧。这个话题，以我目前的能力很难直接用语言以抽象的方式说清楚，我也只能结合自己操作时的一些感悟来粗略地谈一谈。实事求是，标准也一定是有的，但又不同于类似公式、公理一样的定法、定数、定格，不可死套，关键在于活用，且紧扣一个"妙"字。大到谋篇布局，小到细节处理，有法无式，标准也会有各种变奏。比如，董老师给我们指出造园的大势——阴阳对仗，可谓造园之大道。作为弟子，我会接着往下琢磨，若房子和山水景致构成了此种关系的一种情景，那么，阴阳该怎么处才好呢？打个比方，两个人谈恋爱，男女的相貌可能是接触时的第一感知，当然非常重要，大家都还是想讨一个漂亮、帅气的对象，人之常情啊，所以会有一见钟情。但问题又来了，毕竟相貌是天生的，要是我长得不够帅、不够靓，但我也想谈恋爱，怎么办？这个时候就要展示自己非凡的、能让别人为之动心的性情，或者还要配合软磨硬泡、死缠烂打的伎俩，哈哈。若你长得又帅、又靓，且风情万种，你就该被送去作美人计的诱饵了。当追上了对象，恋爱期，男女有和睦的时候，也有撒娇的时候，还有闹别扭的时候，怎么处理？当结了婚，要过日子，朝夕相处，男女又是什么状态，怎么样才会幸福？虽说造园处理阴阳关系不能完全做如此类比，但可帮助我自己去把阴阳关系参得更加细微一些，毕竟不是随便一对男女就能走到一起、且能幸福地过日子，毕竟不是杵个房子、弄点石头就是在做阴阳关系，就能"妙"，就能感人、动心。说了这么多，似乎还是没直接说标准是什么。接下来我就举个好像真正与标准有关的例子，童寯先生在《江南园林志》中提出了衡量园子好坏的三个标准：疏密得宜、曲折尽致、眼前有景。可我平时也老琢磨：怎样的疏密才能得宜？怎样的曲折才算尽致？眼前出现什么样的东西才算是景？这三者有无关系？所以，即便背会标准，若不能在具体操作中细腻把握，标准也不能发挥应有的威力，还是出不来感人动心的"妙计"。

于是，我又琢磨，若以流行的方法对中国文化进行概念提取，无非是阴阳，可谓千篇一律、老生常谈的概念。从概念设计的角度来讲，既不新颖，又不震撼，然我们历代的哲匠骚人、丹青书家、国医大贤等无不是在此间（阴阳）演绎出哲思韵律、长卷大作、救死扶伤。传统的文学有各种文体，每种文体都有特殊的限制和规矩，却抑制不住历代才俊的锦绣传世。文体之间当然有演变、有出新，但无不是在具体操作中去体味、调整、发展、发挥，进而演绎出新文体、新戏法，并非一个点子、一个概念就能完成文体、戏法的革新。不下水，则永远学不会游泳，更谈不上各种游法泳姿。另外，我也好奇：传统的戏曲，甚至都脸谱化了，白脸就是奸臣，红脸就是忠臣，甚至看戏的人对故事情节已烂熟于心，可是传统国人，无论是平民，还是文人墨客，都非常喜欢看，津津乐道。那么，他们到底在看什么？是什么东西打动了戏迷们？《西游记》故事简单，人们爱看；《红楼梦》人物众多、故事复杂，人们也爱看；《水浒》《三国》爱看，《西厢》《牡丹》亦爱看……为什么？作者都是如何做到的？传统中医，同一张方子，每味药的剂量、服用时机稍微发生变化，可能就会导致效果的截然不同。传统厨师，会说"油微热""盐少许"等类似的话语，那么到底是多少？这是口传心授，需仔细体味、琢磨，才能把握微妙。现代流行的是强度和速度，不太关心深度、长度和厚度了，故而现代人喜欢点子、概念，喜欢强烈、鲜明的刺激、震撼，不擅长体味微妙。还有，都是以阴阳入道，效果也会千差万别，可谓"戏法相同，手法不同"。所以，学生以概念去做设计时，总担心想法被抄袭，因为那只是个点子，点子怕的是不新鲜、不震撼、不刺激。我经常借助卒姆托、斯卡帕的话来开导："一旦我们理解了它的语句，好奇心就会消亡，所剩下的就惟有对建筑物能否实用的疑问了"；"檐口、窗、底座、踏步，过去的建造者们总关心这些地方。我们面临的是相同问题，只有答案不同罢了"。这或许就是我对标准的认知。

刚才提到了假山堆叠，就此我再唠叨两句。除了刚才说的与房子的关系外，我还非常在意叠石是否自然，也就是我们经常说的"虽由人作，宛自天开"，也特别关心是否能给园内的人以山林气象，或者能帮助人搭建眼前物与自然山林之间便捷、快速的心灵通道，以传达山水的无限情怀，使受众能畅神感悟。这些关节的疏通不容易，需要种种手段去引发、诱惑，被我称为"引子之法"。中原地区现在依然流传一种风俗：结婚数年未孕的夫妇，会去领养一子，以求日后能生儿育女。确有许多如愿以偿了，这在医学上称为"情治"。另外，大家也一定不会陌生一剂中药需"药引子"以引药归经、增强疗效，一杯香醇必资"酒曲"（或称"酒母""酒引子"）而成信，一部小说、戏曲会有"入话"或"楔子"引出正文，甚或一个作战计谋有赖"引子"才能落实……至于"引子"于造园的作用，大至格局谋篇，小到叠山理水等，若运用娴熟，写意传情无不事半功倍。造园之"引子"，或为一小径、或为一隙地、或为某藤蔓、或为某树石、或为某墙某窗、或为某明某暗、某曲某直、某高某低，等等，不一而足。

问：在开展一个设计的时候，你一般从什么地方入手，有没有习惯的程序？我个人的感觉是，你较早的设计大多从细节、做法开始，场地的问题是后发的；有时候关注的不是很够，比如容园的山与河的大地形剖面关系并没有得到明确的回应。后面的设计比如竹可轩、虎房，在选址和地形上似乎更考究。是因为工作方法有了变化了吗？

答：我在平时学习、思考、积累设计时，或关乎场地、场景，或关乎风、光，或关乎景、物，或乎关材料、做法，等等，往往是碎片化的。但真正做一个实际项目的时候，我一定是从相地开始，彻底吃透场地，琢磨其在谋篇布局、经营位置、挑逗引诱上有何潜力，在这个过程中，平时积累的东西也会浮现眼前，彼此"相亲"，相互刺激，进而互留联系方式，约会倾诉，假以时日，合适就继续发展，不合则各奔东西。不过，这个过程说起来容易，做起来真难，难就难在得体合宜上！要么一方会有强迫另一方的嫌疑，要么双方彼此冷漠、不够亲密，要么双方互不相让，等等。也许恰恰如此，才会令人痴情，这可能也是设计这个行当的魅力吧。

| 图 21：一杆堂的藏水处理

　　关于竹可轩、虎房的选址和地形的关系，是经过深入思考的，表征也比较明显，一招一式都表露无疑，不再赘述。而关于容园的山与河的大地形剖面关系，我也是经过认真思考的。先说河，邕江是南宁市内的一条水系，在基地北约两百米外，水位较低，其与小区北围墙之间有喧嚣的滨江大道，小区围墙与场地间又有一小区车行道，且紧贴场地边界。故而，场地内原有别墅三楼以下，根本看不到邕江（有，但与自己无关，暂可视为无效）；只有贴近场地边界处腾空 3 米以上才可能看到些江面。所以，北园场地内地面层是不能享用邕江之实，只可暗自虚借。于是，我在谋篇时，水的大势是往北流，这也与整个场地南高北低相合，并于北园将水藏于"一杆堂"下，试图营造暗通邕江之意（图 21）。场地内三楼以上的平台、包括屋顶，则主要肩负远眺邕江的重任。遗憾的是，北园一杆堂及北廊屋顶的设计在"整篇"中的力度不够，使北园有点"泄气"；另外，一杆堂的屋顶平台没有找到合适的办法既能回避小区道路和城市滨江大道，又能与江发生关系。期待未来有机会去修改！关于容园的"山"势，场地内，我主要是借用南北 3 米左右的高差顺势而为（不管是原别墅两侧，还是原半地下室），或涧、或峡、或洞、或井、或岩、或崖、或瀑等，并尽力契合园内、园外的水势。场地外，由于南园场地南侧紧邻小区车行道及百米高楼，于山水经营而言，实在无脉可寻，虽在场地东南角曲复廊外欲借遮挡高楼地下室车库出入口及隐藏小区电表箱的契机堆土成山、植树成林，然终因高度不济，不能很好成势，致使水脉、山脉之来源不太理想，这是一大遗憾！

关于容园

问：看了容园，整体很喜欢，也有许多意外的感受。比如主入口进门后的竹林小道，有点像野外的感觉，一下把之前通过月洞门进入园子后的那种期待感又拉远了。很多江南园子讲究开门见山。进来后假山遮一遮，然后周转几步豁然开朗。竹林的用意是什么，和"造景"的关系是什么？

答：这涉及几条线索。

首先，按照任务书，别墅被围于场地中间，而别墅南侧的场地又属8户共用，每家均先经南面公共大门入园，而后穿园进入自家宅子，势必构成了宅园倒叙的格局，这就迥异于传统的宅园并置；虽然也带来了一些优点（迅速入境，宅可最大限度地借景，利于甲方的商业操作），但却损失了宅园并置的巧妙——从容兼顾日常生活之便捷与园林意境之幽深。那么，如何趋利避害？设置一条平面意义上较为便捷的路径就成为必要之举，而便捷的直来直往又于园林幽深意境有很大的副作用。于是，如何化解这个副作用将成为一个关键。进而，我就将注意力盯在了空间的明暗与虚实上。

第二，依甲方要求，南园虽属8户共有，但希望东西两侧也能隔开，以便提供捆绑销售的可能，比如，东楼4户为一大家、西楼4户为一大家。可是，如何隔呢？邻里间既不能直面无间，又不能"老死不相往来"。最理想的是隔而不断、隐隐约约、影影绰绰、相互借资、彼此乘势。

第三，产权使然，南入口必设在两栋楼中间的位置，而居中，不太有利于空间序列的铺排，纵有斜径坡道、树石仪仗、机巧门房等的良苦用心，也不足以展现"序"在欲扬先抑中的威力。诚然，门外这些招式是在小区公共管理所规定的范围内设置的，距离、分寸等，都不能尽致，也不能强求。而欲扬先抑之扬欲设在"听松处"与"含笑里"两地，因此，门房进来后，仍需有抑，此抑的分寸应控制在比门房弱、比"树石斜径"强，这样纵向之节奏才能出得来。

那么，竹林以其密而不堵之幽深不仅能化解便捷直径所带来的副作用，而且能为东、西两侧提供卫咏在《悦容编》里所说的隔而不断、隐隐约约之"真正对面"的意境；同时还能加"序"、延"序"、强"序"，为纵深空间的展开提供关键的一环，此时，虽无山遮，却有林掩，亦能完成空间序列的开合、明暗、疏密等。

问：第二个意外是平面图上曲廊的简单布局和实地的丰富的空间感受之间的意外。这让我意识到读平面图也有不可靠的地方。曲廊我很喜欢，第一个是它形成一种在开放和私密、明和晦之间转换的感受。这种转换的效果很明确，和视线的变化有很大关系；转换的过程又有点暧昧，可能和砌砖的穿透有关。作为开放空间的背景，它不那么可靠，有点穿透；等你走到自认为私密的角落，它那种私密感好像又消失了。空间又打开了，背后也穿透了进来。好像总在追逐着一个永远在躲藏着你的东西。这种感受是刻意设计的吗？

曲廊从外部看，是上几步踏步到平台上的。这好像暗示着对廊内地面和小区路面的某种看法。路面仿佛是水面一样，廊子边好像有种驳岸的感觉。

答：在研习江南园林时，我也发现这个问题：若是以我们目前的建筑学教育为标准去审视现存的园子，它们的平面图也许不够"美观"，甚至相当一部分还有些不堪，若学生作业给个这样的平面图，有可能是会不及格的；可是，就是这样的平面图，实物却给人丰富多彩、精妙绝伦的场景体验。这到底是为什么？

我这些年一直琢磨这个问题，并试图慢慢地去体悟。比如，我们沿用西方建筑教育，讲究比例，如黄金分割比等，可是对于国人而言，能从感知上体验到黄金分割比美的人估计不多，往往是作为知识被灌输的，国人非常喜欢的"万绿丛中一点红"，那可是一万比一啊。另外，我们设计一个（街道）空间的时候，会有 1∶2 或 1∶3 等的比例说法，我就会产生疑问，比例是个死数，难道符合这个数就好？若是这样，一个人的手指头被蛇咬了，等比放大，美么？好么？于西方建筑学而言，图与实物之间在比例这个层面是可以画上等号的。可是，于中国造园实践者而言，一张小小的平面图只是示意的一个媒介而已，有时它很难示意出风情万种、生机勃勃的自然山水、林木、风、光、雨、声、香等，以及由此衍生的诸多关系。造园者会有很多示意的方式，于我而言，造园时只要能把我的"意"传达给执行者，什么方式都行，图、语言、文字、肢体比划、物体指代，等等，不拘一格；园子造好后，图于造园这件事而言就没用了，所以我也不在乎图画得好看不好看，能用、有效即可。

关于体验丰富与否的问题，我再扯两句。现代西医或科学一直在提取精华素等（西方的元素论），与中医的"君臣佐使""相生相克"的混合煎法大相径庭（中国的五行论）；提取精华素可能会使单项药物的使用更加经济有效，但也恰恰损失了药物间以及一味药本身所含各种物质的相互制衡与扬长避短。纵观西方现代艺术、建筑史，非常重要的一个核心就是抽象，方法也是提取，而且通常也是单一提取，纯粹乃呈现方式。而我想追寻的是类似古典文本（如：中国园林、建筑，《红楼梦》等）所具有的丰满与厚实的东西，是各个因素相互交响的东西，而不是从中提取某一项、某一方面、某一概念出来；是有血有肉的文本，而非"抽筋""扒皮""剔骨"式的概念萃取。与抽象提取的方式不同，这需要"通情达理"。而于国人而言，有情无理，情则滥；有理无情，理则亡。理易修，情难养；情易发，理难彻。再加众人偏执任性，致使大多设计或富理寡情而落入枯寂干涩，或纵情无度而陷于荒淫靡费。作为芸芸众生的我，虽也力不从心，但始终崇尚并孜孜不倦于"通情达理"，坚信其能使设计兼备筋骨神情而有血有肉。

刚才问及曲复廊的感受，主要是集中在曲复廊的花格界墙上。曲复廊花格墙，我想在造价、材料、形式、结构、工艺、风、景（墙本身及透过它去看别的东西）、隐透（私密与开放）、游线、以及与传统曲复廊意境关系等方面寻得浑然一体的合力与张力。刚才问及的私密与开放、视线穿透与否等问题，就是诸多线索中的一个。南园属 8 户共有的公共园子，于内部宅及庭院而言算是公共、开放的空间，于外部小区而言又算是独立、私密的空间，但房产开发又有商业展示的诉求，不希望 8 户共用的园子过于封闭。于是，我将该围护设计的分寸控制在半透半隐的状态，使小区道路上的人偶尔可以看过去，但看不清楚园内的活动，使园内的人似乎也能外看，但也看不清园外世俗的东西。而在设计研究的过程中，我惊异地发现了此种建造在视线经营上的微妙：不仅能直接经营出半隐半透，而且距离远远近近、视角斜正等又使隐透更加迷人，恰与开放、私密，与屏俗遮羞，及游园时身体行为的经营相生相济。离远正视，透，但看不清具体物象；离远侧视，隐，根本看不穿。离近正视，能看到物象，却看不全；离近侧视（游走时），隐，也看不穿。但有一点我在做设计时根本没有预料到，建成后在现场才发现的，那就是洪德说的"总在追逐着一个永远在躲藏着你的东西"。

关于廊子标高的问题，设计时我也纠结了很长时间。南园水池基本依就原有场地标高，这样不仅可省去土方开挖的工程耗费，且便于施工时工作面的展开。回填一部分土将南园地面标高垫至与别墅室内标高成为正常的室内外高差尺度，便于日常的入户使用，同时也加大了南园与北园交接处的高差，为后续的山涧、山峡、山岩等的设计做出铺垫。曲复廊标高则依就南园地面标高，于内而言，曲复廊架于水池之上，便于藏水；于外而言，曲复廊地面高于小区道路，如此，即便曲复廊在平面上离小区道路的距离不远，却能拉长曲复廊与小区道路的心理距离，使园子与公共小区之间近而有别、离但不见外，也为入园之人作出心向往之的铺垫。至于问及的"路面仿佛是水面一样，廊子边好像有种驳岸的感觉"，设计时倒没有想到这一层。现在经洪德一说，好像是有这种感觉。

问：第三个意外是园子感受上的内在性和独立性。之前看图我总认为在一个多层小区里面造园，总不免暴露在较高楼层的视线之下。现场感觉意外地不支持这个想法。园子中的植物事实上隔绝了大部分视野，在植物和屋檐的遮挡下，园子还有一种独立性。我想问一下，设计之初是怎么考虑高低的视线关系的？较高楼层上的人应该怎么和地面的园子发生关系？哪种关系是更好的，一览无余还是各得其所？

答："屏俗"，凡是读过《园冶》的，无人不晓。之所以要屏俗，大多因为是在城市造园。俗，并非贬义，而是与雅相对。"俗"往往指代的是城市、街道、老百姓、热闹、喧嚣等；"雅"则是以园子、幽斋、文人、安静、悠闲等为代言。俗与雅，城市与园子，恰是城市山林追慕的一对关系。园子，既要近俗，又要屏俗。近，是便捷问题，要依靠城市方便地去解决吃喝拉撒等凡世生活需要。屏，一般意义上理解就是视觉的问题，其实还包括听觉层面的问题。而屏所用的手段，通常想到的就是遮或挡。没错，这是很重要的手段之一，也是最直接的方法。但是，若现实中周遭俗的势力无比强大，根本无法完全遮住、挡住，除非把自己关在一个黑屋里，显然这也不是造园的目的，那该怎么办？其实，屏还有很多其他手段，比如疏导、转移、掩护等。屏这个字有两个读音，一为 ping（二声）、二为 bing（三声）。念 ping 时为名词，如屏蔽、屏风、屏门、屏室、屏罽、屏插、屏面、屏幅、屏对等。念 bing 时为动词，意思为：退避、隐退、隐藏、掩蔽、摒弃、除掉、去掉、保护、抑制等。所以，我认为屏俗应读为 bing 俗，应为动词。

容园的场地，南侧为百米高小区住宅楼（图 22），北侧为原有小区成排的别墅，东西两侧稍远处也是百米高楼。南侧百米高楼，显然是要屏的；可是原有别墅，我也不甚喜欢，但与百米高楼相比，体量、相貌等对场地的威胁相对要弱，不过，也不能掉以轻心，因为别墅是置入场地的贴身之物。所以，当时我采取了一个大策略，先用大笔去关照如何屏蔽百米高楼，再用小笔料理别墅。于南园而言，我尽量将大多的建筑（廊子、亭子）靠近南侧而放，这样在这些建筑内时，就看不见百米高楼了。另外，在园子的大空地内，比如"松风处""含笑里"，也能借助廊子等建筑的高度及其上种植的三角梅，拉大与高楼的感知距离。若只是有廊子这个围护建筑，只能做到约 3 米高以下的隔，而这种隔还有一个小风险，就是廊子与高楼之间若无大树相填，百米高楼在感知上就会像是贴在廊子上一样。为什么？大家看中国山水画就会明白，若想在二维内把前后物象、尤其是同类物象拉开距离，画家的手段之一就是在它们之间设置云烟或树木（图 26/27/28）。其实，云烟与树既有意义上的共性，又有姿态上的共性。容园外面是否会种大树，设计之初我是没有把握能完全控制的，毕竟是园子外的地，若真是"总公司"开恩种了大树，我将感激不尽。但是，若他不肯种，我也不能坐以待毙。所以，曲复廊上种植的三角梅就是我的救命稻草（图 23）。它犹如一带碧云，不仅能有效拉开园子与百米高楼的感知距离，且能有效转移人们的注意力。最后一招，可能就是以园

| 图 22/23：曲复廊与高楼／曲复廊与高楼－三角梅
| 图 24/25：曲复廊与高楼－植物的遮蔽／同上
| 图 26/27/28：《临流独坐图》　北宋·范宽 ／《溪山行旅图》　北宋·范宽 ／《山雨欲来图》　明·张路

子内的树来屏百米高楼的空中威胁了，这是广西武鸣的明秀园给我的启示：树可遮天蔽日。另外，就算不能完全遮挡住百米高楼，但以树的风情万种，足以很大程度上转移人们的注意力，以达到掩护园子的目的（图24/25），颇有传统许多花窗和现代女人丝袜之功效。此时，其实在高楼上看下来，看到的是一片树冠云烟，看不清楚园子内的具体活动。

如何处理与别墅的关系？我的基本原则是靠拆解、分化、隔断等，让你不觉得它是那么的自明、独立，让你看不到它的全貌。除了借助大树外，还有其他招式。比如：南园借助私家庭院的契机，可起一道墙来隔出境界；东面借助山墙形成一布满爬山虎的峭壁，使其成为山涧的一个重要组成部分，那么原来的高大就高得其所；西部同样是借助东、西两栋别墅高大的山墙成就布满爬山虎的山峡；北部敞开地下室为临水厅，做容身之所。

问：下沉的部分我非常喜欢，有山涧的感觉。云悠厅也有山洞的感觉。包括对面凸出来的曲面山崖内部也藏了地下室，二者都有介于建筑和假山之间的体验（图29）。让我联想起王欣说的"掇山是中国的建筑学"，你怎么看？

答：王欣师兄是我的榜样！师兄的设计教学，给我很多启发，我非常喜欢！但我还是没有勇气抱持王欣师兄的主见——"掇山是中国的建筑学"，我可能更喜欢将事物稍微再细分一下，否则，不知是否容易导向"一切皆可建筑学"的境地？这会令我忐忑不安：若掇山是中国的建筑学，那么亭台楼阁等的营建又算什么？若亭台楼阁等也是中国建筑学的话，那么它们有何不同，所掇之山与亭台楼阁等是否就属同性？那造园折腾半天，是否就是同性恋，是否就会失去阴阳之理、之趣、之妙？即便是在西方，黑格尔说"景观是建筑学发育不良的小妹妹"，那也是小妹妹，他为什么不说小弟弟？我想肯定不是这位精通辩证法的西方古典哲学家的口误。要知道，黑格尔对中国的《周易》《老子》及孔孟是有很深了解的，且有专著做出过讨论。当然，若不在乎阴阳关系的话，那就无所谓了。不过，我个人还是比较喜欢传统的阴阳关系。即便是女汉子，那也是女的；就算是娘娘腔，那也是爷们。哈哈。夫妻之间，若要和谐，必赖阴阳调和，或夫唱妇随，或老婆唱老公随，或适时你唱我随，或适时我唱你随，或适时合唱共鸣。中国阴阳文化，阴阳对仗只是较为宽泛的阴阳关系，我们还有阴中有阳、阳中有阴、阳极而阴、阴极而阳等多重关系以及之间程度分寸的千变万化。但无论怎样，阴还是阴，阳还是阳。于我而言，掇山就是掇山，建筑就是建筑。

现实中，如果我们在掇山时，能意识到其在材料这一层就与建筑有性征差异，那当然就占有了先机，可谓得天独厚；但是，若条件不允许，掇山所用材料或技术与建筑有相同之处，那么，就必须在其他方面下大功夫，将山与建筑的性征差异做出来（比如：我经常从中国雪景山水画中体悟，在没有或有限皴法的前提下如何塑造出山意）。把性征差异做出来，还只是第一步，也是最基础的一步。虽说是基础，但要真正做好还是比较难的。但这还不算难，难就难在不仅要在物象上有性征差异，只是有还不行，还要做出差异的妙，做出阴阳之间感人、动心的味道。这就难之又难了！难怪计成几次三番地感慨道：

"世之兴造，专主鸠匠，独不闻三分匠、七分主人之谚乎？非主人也，能主之人也。古公输巧，陆云精艺，其人岂执斧斤者哉？若匠惟雕镂是巧，排架是精，一梁一柱，定不可移，俗以'无窍之人'

呼之，其确也。""园林巧于'因''借'，精在'体''宜'，愈非匠作可为，亦非主人所能自主者，须求得人，当要节用。"

具体到容园，我在做山涧、山峡时动了不少心思，大家有兴趣的话可查阅我前文写过的容园"造园笔记"。

问：容园里面有石无山，在现场我很意外，回头想想这部分就是建筑化的山。在你后续的园子里面，你开始堆假山。你怎么看作为一个学建筑的当代人堆假山这回事，和做建筑的区别在哪，对没堆过山的人有什么感受可分享吗？

答：关于"一个学建筑的当代人堆假山"的这个事，我觉得很正常！反而，我很好奇，也经常自言自语：文学及其他艺术领域有体裁与题材两个概念，难道能将它们混为一谈？体裁与题材的关系是什么？它们之间是否有较为便当的配对？不同体裁之间的区别与妙处是什么？不同体裁之间如何评长论短？不同题材如何得以艺术的阐发？为什么大家读东坡的诗、词、文时不问问他为什么既写了诗，又填了词，还著了文？为什么不问问东坡为何不像柳永那样填些风花雪月的词，却要填"关中大汉"来唱的词？难道大家只记得东坡的"大江东去"，却忘了他的《蝶恋花》与《江城子》？而同一个题材，东坡之《水龙吟·咏杨花》不比章质夫的要高妙得多？曹雪芹在小说《红楼梦》中，既有白话、又有文言，既有诗词、又有歌赋，且极其精妙，有什么不妥么？为什么建筑界会产生这样的疑问？难道学建筑的人只把建筑当成名词，而非动词？难道学建筑的人做的设计与环境没有关系？难道建筑与环境可割裂分开来做？难道环境不是建筑师应该思考并着力设计的？难道向自己祖宗学习就比向西洋学习低贱？难道柯布、密斯，计成、李渔就水火不容，不能同时学习？难道只是装模作样铺些草皮、横七竖八弄几条所谓有构成感的道路就比掇山造园要高级？那众人还为什么经常抱怨以全国正在流行的方式所造出来的城市环境、小区环境、公园环境？难道他们为了构图和所谓的现代美感而铲山、弃土、填沟、砍树、贴金挂银等就比掇山造园更加经济？难道不问智慧，却只认是否当代？满市满大街都是的当代，难道都好么？难道学习传统就是描摹传统？难道用个西式的方法折腾一下中国的东西赶个时髦就算好？难道拿着"西洋预制的水泵"插入中国进行抽取或萃取或过滤，再配以绚丽的说辞就好么？怎样才算正统的建筑学？以中国哲学的思维方式去做设计就丢人？难道用貌似熟悉的，却是被灌输的、翻译过来的半路子标准去衡量一个自己无能评判的东西就气急败坏，这叫自信么？难道邯郸学步了，还要洋洋得意？难道写不出好的意，就说写意是骗人的把戏？难道奇形怪状，就有山意？难道砌些石头，就可指代山？齐白石的"太似则媚俗，不似则欺世"是何意？等等。哈哈。我平素比较喜欢瞎琢磨，亦有许多困惑，期望未来通过学习能有所开悟！

关于堆假山，从容园的后期，我就开始以自然石头为材料进行尝试，"小山峡"（图28）那块就是我做出的第一次尝试。有了这次尝试，在随后的"曲园"（半亩·河南），我才有勇气结合围墙尝试一次峭壁山，有了这个峭壁山，我在将要开工的"半亩洞林"（半亩·河南）里准备玩儿个大的。用石头堆山，与容园山涧的山岩、峭壁方式有很大不同，各有各的难点。

容园山涧的山意是靠一侧的曲岩、一侧的曲壁实现的（图30/31）。曲岩、曲壁的材料，一个是混凝土，一个是砖，对于写出山意，于材料这个层面，完全处于劣势，故而，千万不能在皴法、

| 图 29/30/31（自左至右）：小山峡／曲岩与曲峭壁／同上

肌理上下手，要抓山的其他精气神：姿态、势向、空法、语境等，并以水来辅佐、以建筑来反证，同时还要补以恰切的引子。所有这些分寸把握得当，才能写出此种山的意。

对于以石堆山，材料是天然的，可谓得天独厚，但也恰恰带来了它的难点。若石与石的连接不合自然机理（没错啊，就是机理），那就会让人觉得那只不过是一堵石墙而已，或是一堆石料而已。另外，在姿态、势向上有时可能会比混凝土材料还要难，比如出挑等。其他的空法、语境，水辅、反证，引子等法及分寸，也是一个不能落的。

问：整个园子看后我感觉内容偏多，似乎缺少了一些疏朗的场地。这一点看董老师在容园西面两百米的那个园子（名字忘记了），就觉得较好一些。听说你的整个园子是一点一点争取来的，不是一步到位，那么规划上的一些遗憾是否与此有关。

答：有些关系，但主要还是我当初在疏密的把握上不够老练。

关于疏密，我当初的设想是：入口门房、竹林为密，南园松风处、含笑里处为疏，私家小庭院为较密，东部山涧及西边小山峡为最密，北园为疏，原有别墅北面的各层大平台及一杆堂屋顶为全园最疏。但由于当初对树木等植物的把握不够精准，再加上主人还没有入住，打理不够，致使植物有些疯长，园子显得稍微有些荒，故而使该有的疏朗没有疏到位，该有的密又显得稍过。后期我也觉察到了该问题，曾经有个小机会，就是甲方说西楼暂时不用，把建筑的后墙填实，但建筑北面的空地可整理整理，于是我就与其商量，结合他的生活习惯，只在角部种了一棵大菩提树，整个场地空起来做主人陪儿子踢足球的一个空场地或供室外活动的大场地，不过，由于没有正式入住，打理也不够，比较荒。

关于椭园

问：这个屋顶小园子我很喜欢。觉得它很简朴，有一种恰到好处的平衡。该轻、亮的地方是真的很轻、很亮，但也有晦暗的地方。材料很简单，空间也不复杂，但仍然传达了园林的那种深度。椭园的钢构是通用的做法，瓦是当地的瓦，结合起来却感觉很合适。某种程度上证明了园林不必然是奢侈的、挑地方的，必然是用传统语汇的。

答：我与洪德的认识相同。经常有人质问我，说传统园林不适合现代社会，时代变了，过时了，没有那么大的土地了，造价太高了，不够现代、不够当代了，诸如此类。首先，我们会反问，传统园林讲的是什么？学习传统园林，只是描摹式样、死板硬套，只是提取个概念、符号、说法，只是以返古去赶个时髦？我们学习传统园林，最重要的是学习它的智慧，一种以阴阳为思维基点的智慧，是道。难道这种智慧不适用于现代、当代？而材料、技术、做法等都属器或术，它们才会因时、因地而异，才有古代、现代、当代之别。某种意义上，也许正是因为有了这些异和别，才能衡量出设计者是否是阴阳高手。

截至目前，我尝试了 6 个园子，广西 3 个——容园、椭园、火龙果园，河南 3 个——方寸园、曲园、半亩洞林。郊野地 1 个，城市小区傍宅地 4 个，屋顶 1 个。面积最小的 45m²，中间的有三四百平方米，大的有几亩。所用材料均是当代常见易得之物，所用技术都是当代已普及的技术。造价最低的一个园子——方寸园，总共才花了 9000 元。我深信：理想在、文化在、条件就在！

问：椭园的曲线平面和方形建筑之间留下的院落很自然，如果荫翳点效果会更好。可能是与种植土不够厚、不足以种乔木或芭蕉类植物有关。

答：洪德讲的极是，若再多些荫翳就好了！很遗憾，在屋顶造园，覆土也就 500mm 左右，不大容易植育大树。不过，芭蕉是有的，有两处，一个是玄关小院，一个是静心处南侧小院。

问：椭园有种"藏"的感觉。在这么突出的城市位置，看似"非自然"的条件，做完了内部很丰富，外部却不引人注意，仿佛没有改变城市的什么。我觉得是一种朴素、谦逊的姿态。某种程度上我觉得更接近明朝前期园林的那种天然的追求。

答：不改变原有建筑立面，是设计之初就设定的前提。建成后，应该是达到了预期的效果，较为低调，不张扬。

问：想问一下隔热的事情。南宁应该很闷热，设计用的那种轻屋顶和花窗，隔热是否不甚理想？

答：房屋的瓦下、望板之上设置有 50mm 厚隔热泡沫板，是对隔热有很大贡献的。至于花窗，隔热主要是通过外挂的推拉玻璃窗做到的，只是在室内时看不到玻璃窗框而已，这也是设计时比较得意的一个点。听甲方说，整体的隔热效果还不错。毕竟，很多墙面是不能被阳光直射的，或直射的时间有限。再加上整个园子的标高较高，通风较好，故而，屋内的温度还比较理想。我去过很多次，也是亲身感受到的。

关于竹可轩／虎房

问：竹可轩和椭园建筑一样，轻得恰到好处。这种轻在我看来不仅是结构性的，更是文化性的，像是脱去了许多文化和体制的负累，露出了私人生活的本来面貌。比如建筑师和业主之间一对一的"私人"关系；不需审批和规范的"私人"设计；不需招标的"私人"建造；不需过分承诺的"私人"使用。好像只有在这种情况下，建筑才能轻得起来。而这种轻也是足够的。台风也没有将其摧毁。也没有发生火灾——即便发生了重建一个也不能算费事。某种程度上来说，这是对进入了公共管辖的所有非公共建筑、被"科学了的""现代了的"非公用建筑的一个批判。我们这种叠床架屋的社会架构抹掉了多少本该轻盈自由的生活呢？

答：竹可轩，虽然是私人订制的临时建筑，后来也经过了审批，是按农场管理用房来审批的。竹可轩的设计确实脱去了体制的一些负累，但却不舍得脱去文化的"负累"。竹可轩设计的萌芽其实是在 2006 年，前面好像已提到过。由于后来一直在广西做项目，总在琢磨如何使用竹子这种材料，因为它既便宜，又有很好的性能。于中国人而言，还有特殊的文化意义，我也特别钟情于竹林那种密而不实的空间之隔。另外，我又很痴迷于传统建筑的抬梁式与穿斗式，以及它们上部三角空间所产生的无尽与神秘。同时，我被场地周围的风景深深打动。于是，我就将竹、抬梁、穿斗与风景等给杂糅到了一起。

说到轻，我也情不自禁地想说两句。有两种轻法：一、客观、绝对的轻；二、感知、相对的轻。后者，甚至可能是举重若轻，传统建筑就比较喜欢这种举重若轻。容园时，我开始尝试举重若轻这种设计。竹可轩，我试图展示轻而再轻的感觉。除了在竹可轩本身设计时尽力地减轻客观重量，尽力在感知上消除体量带来的"重量"而使其更轻，我还希望借助虎房的敦实、厚重来反衬竹可轩的轻。

问：作为一个没有多少招可用的建筑师，对宝珍能用原竹、尤其是小竹子进行建造深表羡慕。想问一下，这个结构有没有人去计算过？在设计的时候是凭经验还是别的什么确定了它的可靠性？

答：结构人员不会算，我只能凭经验来确定它的可靠性。结构方面的稳定，我还比较自信。只是关于竹子的耐久性，我不是很有把握。耐久，包括几个方面的事情：防水、防腐、防白蚁。原计划采用当地竹子的处理办法，先将陈年的竹子割下、阴干、在柴油或石灰水里充分浸泡。但由于施工工期及造价的原因，浸泡柴油这个环节没有彻底落实，只是用刷涂的方式，对每根竹子刷了五六遍柴油。故而，可能竹子的耐久性不是特别理想。

问：竹可轩不追求形式或结构的特异性，这种"拙、定、深"的劲儿是对如今的形式主义的一种解毒剂。设定一个合理的目标，解决问题的方式成为设计的主要亮点，应该是"工作自身产生的意义"。想问一下：是先有的竹结构做法，还是先有的这种形式／空间目标？

答：材料、结构、形式、空间目标，基本是同时进行的。关于竹子，我当初倒有个初衷，尽量采用通长竹子，减少节点的制作工艺，曾思考过绑扎、现成脚手架连接扣、螺纹杆栓接等，最后我将其确定为螺纹杆栓接，它有许多优势：操作简易、牢固性不差、节点体量小（不明显）、造价低。

其实，设计的力量在于诸多因素或线索产生的巧妙合力及张力，无论从哪个因素切入，随后都需要去一一关照其他因素。故而，我不太纠结谁先谁后，只是因时因地因人，哪个方便切入，就从哪个入手。

问：会把竹可轩的竹结构继续发展为一套适用在其他方面的通用工法，还是仅针对这个案例一次性使用？椭园的钢构和竹可轩的竹构是否可放在一个体系中进行发展延伸？

答：我正在思考竹可轩竹结构的普适性及变异设计。其实，椭园钢构与竹可轩的竹构是同宗，都是我对杆材的一种探索。火龙果园一个农民房侧边那个工作棚，就是我将竹可轩的竹构意念与椭园钢构工法相互嫁接的一次尝试（图 32）。椭园钢构的特点：结构简单明了，用材节约，然由于是圆形型材，若保证结点焊接的严密无缝、干净利落，工艺的耗时相对就要高一些。竹可轩结构构法的特点在于结构与结点都简单明了，然耗材稍多，但由于竹材的廉价，于竹可轩的整体造价影响不大。工作棚探索的问题是在使用钢管的前提下，如何在平衡耗材、耗时、跨度、空间、景致等方面作出探索。

| 图 32：工作棚

问：虎房的外部姿态很动人，内部空间设计较为简单，是否是一种缺憾？在容园的室内设计中所见的东西让我感觉你对室内缺乏像室外环境一样的把握。在容园室内，你对斯卡帕的借用有点绝对，并不是从室内使用的角度出发的，这一点不像你处理室外环境那样自如。园主人私宅公寓里面伸出墙面的大理石块其实相当不友好，应该不算成功的设计。

答：关于虎房的室内，由于功能比较简单：接待、办公、厨房、卫生间，我也不想将空间搞得过于复杂，那样反而不合时宜了。所以，我只是结合原有的大环境及自我设置的小庭院，为每个房间提供几幅赏心悦目的风景。遗憾的是，甲方后来将其出租给了承包户，其对室内及环境缺乏打理（小庭院及室内家具等乱堆乱放，该种植的树、藤也没有种植，等等），致使空间的味道受到很大损伤。

容园半地下室的功能原初定位为聚会，其整体氛围的设置是，似乎是在原有的山石上凿挖出来的一样，要有洞的感受，且是一个被人工雕凿过的洞。楼梯的原本用意是，设置一占用地面最短的楼梯，且有似乎被凿出或用大石磊起的石径、石梯的感觉。但可能由于对斯卡帕左右脚楼梯的借用确实显得较为直接，致使人们光想斯卡帕了，却不太关注这是洞内的一个石梯。关于容园住宅内伸出墙面的大理石块的设置，原初打算是对陈设、洞石等做出一些探索。但实施后，不理想，显得过于猛、重、冷了，缺乏温馨之气。关于室内场景的塑造，当时我是相对比较欠缺的，也没有经验，我正着力去学习、思考，期待能有机会加以锻炼。

问：竹可轩选址很不错，风景尽收眼底。虎房和山体的关系相对来讲简单化了一些。尤其是后搭的蓝色临时房，比较碍眼。我感觉在场地大关系上持续改善，或应是你下一阶段提升的重要方向。

答：根据项目的特点、资金、性质等，设计之初我就不打算将其做得过于复杂，包括虎房与山体的交接，我也希望用较为简便的方式处理。复杂了，可能很多事就做不成了。

虎房后面的蓝色临时房是后来的农场租户随意加建的。其实，原设计是从庭院内的大楼梯上去，有一条小径沿山顶通往后面另外一个结合灌溉池设计的一个房子——室内接待大餐厅，但这个餐厅暂时不需实施。后来，原初的甲方将农场出租给承包者经营，很多东西就控制不住了，随意搭建（比如肥料仓库等）就开始出现了。

我一直非常重视与场地的关系，但由于能力还不够，致使很多地方处理得还不够得体合宜，我会继续努力。

答张翼问

问：在容园中，此刻你最想改设计的是哪处？打算怎么改？为什么？

答：最想改且最有可能改的就是从南园进入东园所经过的那个小庭院（图33），我想在该庭院与东园之界隔一小墙，墙上设小门洞以往来、设窗洞以通消息。若无该墙，小庭院与东园之间太直白，既不利于彰显该庭院之性情——以正态围出的安和静，也不利于抒发东园以奇塑造的山涧之意，还缺少场所转折的层次与幽微。有此一墙，不只是把一个场所一分为二的问题，心理感知要远远大于二。曾经我经常玩味古典园林里类似这样不起眼的小墙，若没有它们，恐怕会缺失很多游园的微妙体会，比如：留园"华步小筑"与"古木交柯"之间的小墙（带一小门洞）（图34），网师园"竹外一支轩"西侧转角的小墙（带有小窗洞）（图35），环秀山庄"补秋山房"北侧小院东西两端的小墙（各带一小门洞）（图36），等等。估计流行的现代建筑会很讨厌这种"不纯粹""不干净""破坏形体""破坏空间"的小墙。也许破坏的是空间，诞生的却是境界。

问：在容园中，你最喜欢一直待着的地方是哪里？为什么？

答：由于是"最喜欢""一直""待着"连续三层定语，这个地方就非"云悠厅"莫属了！它是全园最能隐居下来的地方，外面的高楼大厦、喧嚣等几乎侵略、玷污不到它，更重要的是它虚怀了东园的山涧、山岩之气（图40）；另外，或许是由于对东园明暗、狭阔、高下、开合等的料理，

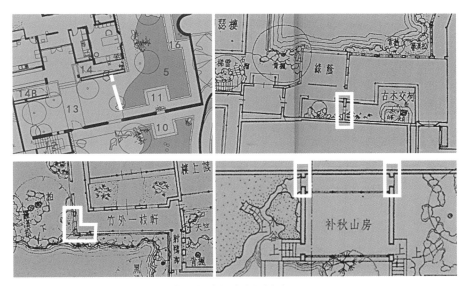

| 图33/34：容园小庭院／留园"华步小筑"与"古木交柯"之间的小墙
| 图35/36：网师园"竹外一支轩"西侧转角的小墙／环秀山庄"补秋山房"北侧小院东西两端的小墙

| 图 37/38/39：“华步小筑”与“古木交柯”之间的小墙／“竹外一支轩”西侧转角的小墙／“补秋山房”北侧小院东西两端的小墙
| 图 40：云悠厅

在别处无风的情况下，在这里可享受微风沐浴。栖入云悠厅、依于美人靠，一潭清水、两面峭壁、几缕明暗、些许老石、若干藤蔓，清茶回甘时，身体再被那柔风一勾，心顿时就随那悠游的锦鲤渐入……任凭流泉再惊，也不愿醒！

问：如果仅能以一张照片代表容园，你希望是哪张？为什么？

答：张翼的问题非常有意思，都与"唯一性"有关："最想改""最喜欢""仅一张"等，可能这是我们师门的一个学训，就是通过对准确性的追求来锤炼自己的设计，或许类似古人作诗的"推敲"吧。忍痛割爱后我选择关于云悠厅的这张照片（图 40）！云悠厅是我"最喜欢一直待着的地方"，这张照片虽也不能反映真实体验（毕竟照片与真实体验有很大不同），但还是可点染出上述我的一些感受！

问：如果再新造一个园子，哪处设计是你乐意放进新园里的？就像董老师的斯卡帕大台阶那样？

答：这个不好说！似乎不是乐意不乐意的问题，因为每个设计都有其生发的前提和气脉，虽然自己平素积攒了许多喜欢的素材，每每实操时很多未必能放进去，关键看时机、方式。时机、方式不对，再乐意那也只是一厢情愿，强扭的瓜不甜。恰如其分才高妙，这也是最难修炼的！

董老师的斯卡帕大台阶，最吸引我的是其具有参差意、有陡险意（水平投影短）、却不妨碍攀爬，这些性征介于规范的标准楼梯与纯粹自然界的山石高差之间，我将其视为造园中调节自然之野与人工之史（来自《论语》"质胜文则野，文胜质则史。文质彬彬，然后君子。"）的一剂良方。由于踏步几乎是每个设计均会碰到的问题，故而一旦有机会，我就会引用，就会向董老师致敬！

问：抛开施工质量原因不谈，仅就设计与现场体验的差异：容园中哪处是你在设计时比较得意，却发现真实体验不佳的？

答：一杆堂屋顶设计与临水厅内的石头台子。

一杆堂为上翻梁结构，当时很得意地就着上翻梁设计了一些青砖叠涩坐凳、桌台（图41）及屋顶菜地，期望主人及来客能在此看江烧烤。后来发现，这些东西长期不用，均长青苔，也不太便于屋顶的游走；菜地所用有机肥或多或少还会产生一些气味；最重要的是，一杆堂屋顶设计的薄弱，使北园的立体边界缺少既能收拢、又可荡开的点睛之笔。这也是我最想改的地方！但截至目前，我还没有很好的修改办法。

临水厅为聚会之用，由于是半地下室，其内又有泳池，潮气较大，故而当时很得意地设计了一些石头台子，既可作展台，又可当坐凳，同时它们与石头楼梯一起（图42），构成石群，期望能给人一种身在洞穴中的感受。后来发现，一些台子不太好用，有四到六块可以去掉（图43）。

问：容园中哪处是你在设计时未曾留意，待现场完成却有妙手偶得的惊喜？

答：云悠厅的风和云桌旁的野构树（图44）。

实事求是，云悠厅设计时未曾在捕风上有意着力，建成后才发现其颇有魅力的风效。这曾使我

图41（左）：一杆堂屋顶
图42（中）：临水厅内的石梯
图43（右）：不好用的石台之一

重读师兄苏立恒的硕士论文《自然通风》，试图发掘其潜力，以便未来传用、改良。

南园云桌旁的池岸，曾经第三拨施工队在铺地时未经我允许肆意埋入一块无味孤石，犹如犬牙在岸，除掉较费事，甲方未同意我的唠叨。后来发现，从石头与水泥池壁的缝隙内长出一棵构树小苗，犹如壁挂一般，这使我惊喜万分，它救了那颗"犬牙"，也救了我！

问：如果当初再多给你三个月继续推进容园的设计，你会做些什么？

答：学习、料理植物。

生长于北方的我当初做设计时对岭南气候只限于纸面普及式的了解，根本没有长期切身的感受，即便 2006 年曾在广西待了 1 个月，对气候与植物的关系的把握依然非常薄弱。在广西或岭南造园，如何克制植物过分蔓延将是一个重要命题，造园人需勤勉。

| 图 44：我爱构树

答古德泉问

问：是否可以将曲复廊作为容园建造的起点？如果是，您在造园过程中如何把控整体？是不是在项目之初就已经建构了容园比较完整的心中图像？如果有，容园的心像与中国山水和传统园林有什么样的关系？

答：容园这个项目是由围墙兴起，曲复廊就算是容园建造的起点吧。而关于"如何把控整体"的问题，我时常在想：何谓"整体"？怎样的"整体"才算好的"整体"？"整体"与"局部"的关系如何？怎样的关系才算好关系？一件器物、一幅字画、一支曲子、一首诗词、一部小说、一出戏剧、一栋房屋、一个园子，人们都是如何享用的？享用的方式有何异同？哪些可以相互嫁接、哪些又不能？他们如何感知"整体"的好坏以及"整体"与"局部"关系的好坏呢？一个园子，"整体"的好坏及"整体"与"局部"关系的好坏恐怕不只是在于视觉物象本身；即便在纯视觉层面，仅仅物象的大与小（导致能否全视域整体观看）就会带来对"整体"以及"整体"与"局部"关系体验的巨大差异。园子，是进入式的体验，多条路径、多个维度、多种感官、多项意识的复合体验，绝非几张照片、几个视角就能表现出其魅力所在；如此，"整体"意味着什么？"整体"与"局部"的关系又是什么？

于我而言，自然山水无定式，"整体"没有一个固定不变的模式，故而操作整体与局部的关系，也无定法：或"刻舟求剑"，或"守株待兔"，或"随遇而安"，或"相互生发"，或"各自为营"，或"取长补短"……虽无定法，但并非无法；"整体"是由各个"局部"联系编织起来的，要感受"整体"，很大程度上是要体会这种联系与编织，而联系编织的法就存在于：广狭、疏密、明暗、幽敞、高下、远近、缓急、纵横、奇正等一系列关系中。若继续追问：怎样的广狭、疏密、高下、缓急、奇正等才算好关系，以我目前的能力无法用语言讲清楚；另外，好关系若想牢靠，还需依仗关系双方（或多方）自身的实力与互求。

习武之人，起初要按套路、招式习练，进而熟能生巧、举一反三、千变万化，因为实战时绝非以套路出招，而是随机应变的，否则，必被打得落花流水。比如，我曾经时常通过中国山水画中的"雪景图"来体悟在没有或有限的皴法下如何写出"山意"，等等。另外，设计的过程不是严格的线性思维（第一步、第二步、第三步……），而是时常跳跃、错综、嫁接……进而还有整理、平衡、玩味等。容园设计之初，脑子里确实有一些图像，但若说是"比较完整的心中图像"则谈不上，实际也不可能，很多是在具体的磋磨过程中生发、勾连、演绎、嫁接、糅合、杂交、平衡出来的，这也恰恰是我一直坚持所有的设计均亲自画图的原因（图纸深度均接近施工图），慢慢地，我也约略体会到了什么是"工匠精神"。这可能与概念操作之后，交给别人去完善有很大的差异；所以我也很好奇，诗人、小说家、画家、书家、木匠、瓷师等是否能通过给个概念而后让别人攒稿进而成就一篇杰作，也许有可能，但目前我还不得法。

文学有"用典"之法，而我平素试图追寻的设计状态之一是，似乎能察觉到一些熟悉的影子，但又不能——对位，饱有陌生、新鲜之感。比如：容园曲复廊许能折射出沧浪亭的曲复廊、拙政园的贴水长廊等；南园许能折射出宋·马麟的"静听松风图"、宋·夏圭的"临流赋琴图"（局部）、宋·赵佶的"听琴图"、南宋·马远的"松下闲吟图"（局部）、元·倪瓒的"古木幽篁图"、元·盛懋的"秋林高士图"、元·朱德润的"松下鸣琴图"（局部）、明·文徵明的"泉石高贤图""春深高树图"（局部）及"玉兰图轴"、明·李在的"归去来兮图"、明·居节的"万松小筑图"等；东园许能折射出我的太行游记（郭熙老家）、北宋·范宽的"雪山萧寺图"（局部）、北宋·郭熙的"幽谷图"（图45）、北宋·巨然的"秋山问道图"（局部）、元·黄公望的"富春大岭图"（局部）及"快雪时晴图"（局部）、元·王蒙的"葛稚川移居图"（局部）、元·吴镇的"松泉图"、明·谢时臣的"仿黄鹤山樵山水图"（局部）及"武当南岭霁雪图"（局部）、明·文徵明的"深山深远图"（局部）、明·沈周的"灞桥风雪图"（局部）、明·杜琼的"为德辉作山水图"（局部）、明·米万钟"碧溪垂钓图"（局部）、明·唐寅的"看泉听风图"（局部）等；北园许能折射出艺圃的"浴鸥小院"（局部）、宋·李唐的"策杖探梅图"（局部）等；中园许能折射出太行山、大明山游记、北宋·郭熙的"幽谷图"及"窠石平远图"（局部）、元·吴镇的"双桧平远图"（局部）等。

问：目前大多数园林项目基本是先设计后施工，大多数的设计都是图纸层面的操作，而容园是边设计边施工，设计与现场和施工紧密结合，为了便于讨论，暂且将当下普遍的设计模式简单归结为图面式设计，而您容园的设计方法归结为入境式设计。请您谈谈图面式设计与入境式设计的差异。入境式设计中有哪些操作方法可以应用到图面式设计当中？

答：我不去辨析"图面式设计"与"入境式设计"这两个词的具体含义，而主要与大家聊聊我的操作吧。我的偏好是实战！即便是教学，我也倾向于模拟"实战"。故而，图于我而言，只是手段、工具，示意而已，是为了给甲方看、给工人看，它不是最终目的，我最关心的是"实际建出来会怎样""如何建"等。无论盖房，还是造园，我的图主要是CAD的平、立、剖，表面上在画图，而实际每时每刻思考的是位置、场地、光、风、雨、景，材料、结构、空间、尺度、场景、关系、工艺、工期、造价，等等，设计时每个场景会自动浮现在我眼前，而我似乎身处其中，进而去感受、体会。从业以来，我基本不画效果图，也很少做模型（若有，主要是为了给甲方和工人看）；拿不准时，我会借助我身体所处的场所、环境、道具等做想象、做比划、做实验、做访问。容园、椭园，当时就只有CAD的平、立、剖图。我深信，精准的判断力，乃营造师需培养的一项重要能力。尤其是需现场设计时，是要当机立断的，更加考验判断力。而判断力的培养，没有捷径，似乎也不是只通过模型或效果图就能够训练出来的，而需长期在日常生活、学习中观察、思考、体会、积累。在此与大家共勉！

当前，众人似乎比较乐意于形形色色的奇思妙想，而这些实实在在的东西大家似乎都不爱说、不当回事了，学校教育对这些更有不屑一顾之嫌，也许是无能为力吧。另外，各种绘图工具、模型工具层出不穷，许多人在迷恋工具、方法之时已忘记了用工具和方法的真正目的，最后只剩下工具和方法本身了，不仅有买椟还珠之嫌，更忘记了六祖慧能"指月"的教诲。也许丢掉一些花里胡哨的工具，心才能灵，意才能准，目的才会直达！

图 45：《幽谷图》 北宋 · 郭熙

问：开发商对园林风格有没有特别的要求？容园的风格是属于传统还是现代，或者新中式？

答：起初，开发商内部的意见不统一，主张有欧式的、日式的、现代的、中式的，还有主张东南亚式的等。也许大股东比较热爱中国文化，我问的一系列问题激起了其他股东的反思，后来就同意我试试。我的问题是：你和你爱人在院子里吃饭、喝茶时，希望过往的路人围观么？你或你爱人喜欢暴晒在南宁阳光直射的草坪上么？你习惯于需精心打理又不许人踩、且不能养鱼的一地白沙么？你愿意只是做些平面的图样而实际生活中又不太能领略到所谓的构图美学，除非老蹲在屋顶往下看？难道你不问问自己的生活到底需要什么，而只是购买个自己也不太懂的"风格式样"么？诸如此类。

风，一旦被定格，会如何？呵呵。风格，通常是个总结词，中国古人用其形容人的风度品格、文章的风范格局等，英文是 style，而现如今设计若以风格为先导，不论是有意识，还是潜意识，恐怕大多与元素、符号、堆砌、拼凑、抄袭、复制、兜售、"快消"等有关。风格这个词，无法判断设计的高下、优劣；而传统或现代、新或旧的分类，更不是设计好坏的评判标准。故而，我不大喜欢以风格来谈设计，也不大会刻意、拼命地死分传统与现代，更不关心"新中式"是何意。此时此刻，我情不自禁地想到了西扎的那句训导：

我的建筑中并不存在一种预先确立的风格，也不想建立一种风格。它是对一个具体问题的回应，对我所参与的变革过程中的某种境遇的回应……在建筑学中，认为风格可以解决一切问题的阶段已经过去，一种预先确立的风格也许纯净、美丽，却无法引起我的兴趣。

我以为，一门学问若只是停留在粗略的风格、概念、点子、元素等而无分寸、火候或力道的经营，则无法精准触及一门学科的实质与内核。毕竟，不是拼凑几个美丽的词语就是诗人，不是讲个故事就是小说家，不是弄点小情调、小趣味就敢自称文人。

问：您是怎样做到由中国古典园林的道驾驭低技低造价建造术的？本人认为东园所呈现的物象更加接近中国古典园林的意韵，最典型的是云悠厅，人在其中既有景，又能生境，能否详细介绍一下东园的造园经验？

答：我深信：中国园林蕴藏的大道即阴阳之道。关于"如何以中国园林的道驾驭低技低造价建造术"的问题，可能三言两语无法讲明。手段概括起来有："粗粮细做""细料点缀""出奇制胜""以工补糙""以拙代劳""因借自然造化"，等等。大家可查阅我前文的容园"造园笔记"以详细了解。不敢妄言经验，关于东园详细的造园思考，大家也可查阅前文的容园"造园笔记"。

问：容园已有南园、北园和东园，唯独缺西园，您心中的西园是怎么样的？还会出现水吗？那么山呢？

答：西边一栋别墅尚未启用，其北侧有一大块空地，暂时闲置，若以后有机会将其与南园、北园、东园、中园等贯通起来一并使用，那就太幸运了。若如此，我打算将其做成一个规规矩矩的大空院，铺以大方砖，只在每个角出现一两棵大树、陪以两三块可坐石头，最后溜围墙植爬藤即可，不会再出现水或山。南园、东园、北园、中园，虽有疏密，但疏密的反差不够大；虽有幽敞，但幽多敞少；虽有正奇，但奇多正少。故而我一直想通过西北院的疏、敞、正来调节疏密、幽敞、奇正的张弛度。期盼能有这个机缘！

答覃池泉问

问：我总结你的造园法之一是建筑退后，花木水石向前。那么，你怎么理解"没有花木，依然园林"？

答："没有花木，依然园林"，童寯先生当初说这句话的语境，是以法国诗人喜欢的"荒野"切入来比较东、西方园林的差异，而举的例子是日本枯山水，且是极致案例：

A French poet once declared, " J' aime fort les jardins qui sentient le sauvage." This just hits upon the difference between Western and Chinese gradens, the latter being entirely devoid of the jungle atmosphere. The Chinese garden is primarily not a single wide open space, but is divided into corridors and courts, in which buildings, and not plant life, dominate. But garden architecture in China is so delightfully informal and playful that even without flowers and trees it would still make a garden. This is especially true of the Japanese Garden, which is modeled after the Chinese. In the Ryoan-ji Garden, Kyoto, there is absolutely no plant life, only stone and sand being employed. Its saving grace lies in the thick grove immediately surrounding it. On the other hand, Western gardens consist much more of landscape than of architecture. (Sir William Chambers called them cities of verdure.) The buildings, if any, stand in solitary splendor. Foliage, flowers and fountains are more akin to one another than to the buildings, in spite of the effort to arrange them architecturally, even to the extent of laying them out symmetrically and axially.

童寯先生以一种极端回应另一种极端，作为比较，非常巧妙地彰显了彼此的差异。然若要理解童寯先生的真意，需要明晰几点：一、日本园林只是东方园林体系的一个分支，与中国园林亦有较大差异；二、东方园林着重处理的是建筑与自然的关系，而花木仅是自然的一种质素，无花木不代表无自然；三、极个别没有花木的庭院大多是整个园林的一部分，往往以有花木的庭院及园子作为背景，不能以局部代言整体。"没有花木，依然园林"，也许这句话比较利于导入抽象、象征、将园林建筑化、将建筑象形化等的语境，故而社会关注得比较多。

我以为没有花木的园林是禁欲的，缺少阴阳调和的欣欣向荣。也难怪童寯先生作比较时只得举日本枯山水为例，而日本枯山水本就是禅宗园林。"没有花木的园林"时常让我联想起几种极端情形：一、太监；二、和尚；三、非日常的短暂表演或意淫。而"只有花木的园林"又会使我联想另外几种极端：一、处女修道院；二、《西游记》的女儿国；三、农科所的植物园。中国园林不追求这两种极端。

童寯先生在《江南园林志》中论述中国园林时的训导，则是：

造园要素：一为花木池鱼；二为屋宇；三为叠石。花木池鱼，自然者也。屋宇，人为者也。一属活动，一有规律。调剂于二者之间，则为叠石。石虽固定而具自然之形，虽天生而赖堆凿之巧，盖半天然、半人工之物也。

问：格局似为造园的起手要务，《园冶》在"兴造论""园说"之后也以"相地""立基"两篇讨论格局布置问题。因为"景以境出"，而且格局即骨架，骨架好，局部失手也无碍大局。反过来，格局不好，局部做起来就很费力。而且，造园格局研究起来也容易，也是不难找到实例，园林的水石花木易变，唯有格局留存。比如说寄畅园，我们无法得知张南垣做的寄畅园原貌，经他之手而遗留下来的实物恐怕也所剩无几了。但是寄畅园仍不失"江南第一园"的称号，我认为这大致归功于张南垣当时所定下的格局。按黄晓的说法，张南垣在寄畅园的假山中辟出深谷，引入山泉（开山理涧），调整建筑为面山背市，偏置池上亭桥的位置，等等。再比如艺圃的格局，比较王翚的《艺圃图》（图46）与现在的平面，可以看到主要山水建筑的布局基本未有大变动。格局与场地及周边环境有密切关系，所以相地篇主要谈"就势"与"借景"，谈如何依据场地情况造园，但较少讨论景与景之间的关系，至于更整体层面的布局问题几乎没有涉及，只有一些很空泛的立园意向，可惜。

造园与书画相通，也许可以借用绘画中的"势"来讨论造园格局。"布局全在于势"。势，却是个很难讨论的词，董老师最近的文章《山石一品》中也对其语焉不详。我个人倾向于沈宗骞（清）在《芥舟学画编》中的说法：

布局须先相势……布局全在于势。势者，往来顺逆而已。而往来顺逆之间，即开合之所寓也。……中间承接之处，有势好而理有碍者，有理通而不得势者，则当停笔细商，侯机神之凑会……必于理于势两无妨而后可得。总之，行笔布局，一刻不得离开合。……布局之际，务须变换，变换之处务须明显。有变换则无重复之弊，能明显则无扭捏之弊。

总的来说，造园讲究因地制宜，但是未必没有固定套路，计成不是说的"构园得体"么？我认为"得体"二字指的是符合某些造园的范式，或者是你曾说的武功套路。而且，中国艺术创作中是普遍存在类型化或者模件化的，例如，金秋野发在《乌有园》第一辑上的倪瓒这四幅作于不同时期的画（见图46-图49），所采用的模件和画面格局都很接近。文人画中尚且有"法"，园林不也如此？我理解"法"从某些角度来看是实践经验总结，就像王时敏总结自己的小祇园是"土石得十之四，水三之，室庐二之，竹树一之"，王穉登评价吴亮的止园也是类似"水得十之四，土石三之，庐舍二之，竹树一之"。我很赞同你所说的"法无定法、治无不治，病无常形、医无常方、药无长品"，但是在做到"无法无天"之前，还是得先研究研究"法"吧？所以我觉得还是有必要对某些"法"或是"关键词"展开讨论，例如"格局""定局之法""园林物体"……

请谈谈你的认识。

答：格局，无疑是造园的起首要务。格局之经营，即位置经营（布局）。而位置经营，则周旋于现实与意向之间。或由现实而生发意向，或依意向而改造现实、亦或同时并进。前者的现实往往性征明显，后者的现实一般平凡无味。前者的意向需要整合，后者的意向需要拆分。前者的手段是

图46：《艺圃图》 清·王翚

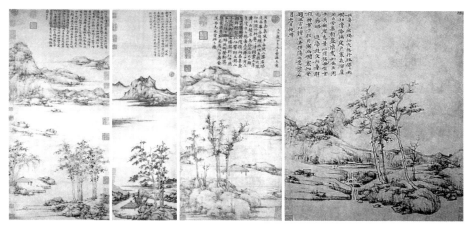

| 图 47/48/49/50（自左至右）：《江亭山色图》/《秋亭嘉树图》/《容膝斋图》/《幽涧寒松图》   元 · 倪瓒

因借，后者则着重落实。因借的是场地及周遭环境、气候、工艺、造价等自然及社会现实；落实的是平素积累的设计思考、设计意象。因借与落实的优劣标准则在于得体合宜，进而还会考量得体合宜得是否巧妙。不过，在认识到格局重要性的同时，我们也不可忽视"一着不慎满盘皆输"的警告，实操中也是常常存在的，那不慎的一着总像一颗老鼠屎首先干扰人的体验、认识；除此，我们也不可轻视另外一个事实——两个设计的平面差别不大，而实际体验却不可同日而语，毕竟造园不是绘画，不是简单二维的思考与体验。

记得曾经有朋友质问我：你是造园的，你会画画么？你会品茶么？你玩古玩么？你写诗词么？……非常感谢朋友对我的指教，这些可以帮助我丰满自己，提高设计水平。实事求是，我除了幼时随父亲习练书法、听爷爷吹奏长箫绘就苍松、看外公望闻问切之外，没有专门从事过其他门类的艺术习练。不会画画，但我读画论；无舌品茶，但我读陆羽；无钱古玩，但我读《长物志》；不善写作，但乐于"红楼""文心""诗品"等文学、文论及诗品词评。有时，我也会自言自语：郭熙、范宽的诗词有无传世？紫砂巨匠供春的舌尖功夫如何？伯乐是骑术行家么？给关公打青龙偃月刀的师傅是武林高手么？诸葛孔明崇拜的管仲、乐毅、张子房有文学诗篇么？各门学问若能举一反三、融会贯通，进而借题发挥，则设计必有大成；然若要身体力行、且精通于各门学问再去做设计，恐要"向天再借五百年"，毕竟术业有专攻。

当下在讨论造园与绘画的关系时，主要津津乐道于其相似之处，而很少着力于厘清它们的差异。相似，可以启发智识；而厘清差异，则更利于实战。相似之处，历史名人与当下达人著述颇多，无需赘言；接下来，我主要针对操作过程中的差异谈谈我的切身体会。画家作画时，面对的是一张白纸，画幅虽有圆、方之别，但框中毕竟是一片虚无；造园者面对的现实场地，通常并非虚无的"白纸"，而且几乎没有两块完全相同的场地。画家作的是心中之画，面对的是自我；造园者在面对自我之前，必须妥善料理好形形色色的甲方之需，且要体贴结构、水电、花木等同伴。画家是亲手实现自己的作品，而造园者则需要假借众多工匠之手。画家所作之画是供看、供想的，造园者造园首先是供人进去用的；用，几乎囊括了身体一切的感官体验和意识体验。画家作完一幅画，若不满意，可以完全相同的"白纸"再画一幅，以校错纠偏等；造园者在现实造园时，一墙、一石、一木等一旦落定，很难再移，更不可能全盘推倒重新再来。画家作画时基本无工期、造价之忧；造园者则要时时关照工期、造价及各种人事与日常的突发变化，等等。也许有了这些差异，《园冶》在重要的"园说篇""相地篇"与"借景篇"才会说"造园无格，借景有因""园基不拘方向，地势自有高低……得景随形""凡结林园，……景到随机"，等等。也就是兄台所发现的：相地篇主要谈"就势"与"借景"，谈如何依据场地情况造景，但较少讨论景与景之间的关系，至于更整体层面的布局问题几乎没有涉及，只有一些很空泛的立园意向。关于格局，童寯先生在《江南园林志》中进行过开宗明义的论述：

园之布局，虽变幻无尽，而其最简单需要，其实全含于"园"字之内。今将"园"字图解之："口"者园墙也。"土"者形似屋宇平面，可代表亭榭。"口"字居中为池。"衣"在前似石似树。

童先生几乎认同了计成的"造园无格"：园之布局，变换无尽。但其下文给出的似乎不是具体的操作手段，而是一种偏向"元素"的说文解字式阐释。不过，他紧接着论述了"园之妙处"及"为园三境界"：

园之妙处，在虚实互映，大小对比，高下相称。《浮生六记》所谓"大中见小，小中见大；虚中有实，实中有虚；或藏或露，或浅或深，不仅在周回曲折四字也。"钱梅溪论造园云："造园如作诗文，必使曲折有法，前后呼应，最忌堆砌，最忌错杂，方称佳构。"（见《履园丛话》）

盖为园有三境界，评定其难易高下，亦以此次第焉。第一，疏密得宜；其次，曲折尽致；第三，眼前有景。试以苏州拙政园为喻。园周及入门处，回廊曲桥，紧而不挤。远香堂北，山池开朗，展高下之姿，兼屏障之势。疏中有密，密中有疏，弛张启阖，两得其宜，即第一境界也。然布置疏密，忌排偶而贵活变，此迂回曲折之必不可少也。放翁诗："山重水复疑无路，柳暗花明又一村。"侧看成峰，横看成岭，山回路转，前后掩映，隐现无穷，借景对景，应接不暇，乃不觉而步入第三境界矣。斯园亭榭安排，于疏密、曲折、对景三者，由一境界入另一境界，可望可即，斜正参差，升堂入室，逐渐提高，左顾右盼，含蓄不尽。其经营位置，引人入胜，可谓无毫发遗憾者矣。

即便兄台倾向的清代沈宗骞，其在《芥舟学画编》中论述格局时以势切入，落脚点则是"行笔布局，一刻不得离开合"。

纵观，无论是造园家，还是画家，在讨论格局时，似乎都没有给出具体的一招一式，而是一个法则：阴阳关系。这也是我们的老师董豫赣先生数十年的研究发现。而阴阳关系这个法则又不像西方的定律，它贵在活变。

可是，如何习练"造园术"？是否有套路、范式等？这是作为教师无法回避的命题。兄台所说的"得体"二字，似乎不是范式本身，而是评判范式好坏的标准。兄台提到王时敏总结的"土石得十之四，水三之，室庐二之，竹树一之"，王穉登总结的"水得十之四，土石三之，庐舍二之，竹树一之"，类似这种古板范式，我则不以为然，其没有太大的实操意义。而兄台提到倪瓒画中的"类型化""模件化"，我比较认同。于绘画而言，在格局层面，我以为存在三种基本型：平远、高远、深远。操纵格局的法则即：阴阳关系，而构成格局所用之物象即：树石云雾人，等等。构成格局所用之物，非常具体，甚至可"模件化""类型化"；而操纵格局的方式则变化多端。一般入门学习容易捕捉到的是那些实体的东西，故而有《芥子园画谱》《素园石谱》等之类的书籍；对于把控阴阳关系的训练，相对较难，有时也许是语言无能为力的，需要在通篇临摹的过程中去体会。再比如习练书法，一般先选一个书体，通常也会从笔画入手，了解该书体每个笔画的特征，进而临摹，在临摹中不仅是要练习笔画，还要体会每个笔画于这个字的关系，过程中才可能慢慢体会到字体的间架结构之妙，再进而会涉猎篇幅、语境问题，等等。记得习练太极拳时，师傅开始是一招一式地教，徒弟们比葫芦画瓢地去模仿，进而学完整套的招式，接着会相当长的时间去熟练，进而师傅再开始拆招，分解每一招的内涵及其外延变化以求实战时随机应变，接下来可就是师傅领进门修行在个人了。我深信，教育一定有可教与不可教两部分（也是一对阴阳关系），可教的部分基本是实体，不可教的部分是体会；可教的部分有明确的法式套路，不可教的部分有法无式或因人而异、毫无定法（或许与"学养"有关；李渔曾讲"学则可学，教则不能"，他用的法是"熏陶"）；可教的部分是基础（知），需要的是扎实，对应的是负责的老师与勤奋的学生，不可教的部分是造化（情与意），需要的是天分，对应的是高明上师适时的点化与灵气学生执着的体悟。中国传统师徒教育对可教与不可教有明确认识，且同等重视，而非厚此薄彼，只是每个阶段的对象、目的、手段不同。如此的教育，能使普通学人具备行业的基本素养，使有天分的人走得更高、更远、更深，从长远而言能大大节约教育成本；毕竟素养是修出来的，而天分既然是天给的、就不可能说没就没，它只是在等待点燃的时机，若时机不成熟，点也没用。每一门手艺或学问都含有趣与枯燥的部分，往往真正体会到的有趣是在历经大量枯燥工作之后得到的，这是修行的必经之路，否则所谓的趣只是凑热闹而已，凡是经不住枯燥考验的心性不坚定者，就无法踏实坚守，更无法走得更高、更远、更深，也就不能成为该行的基石、或者翘楚。先苦后甜，既利于筛选（苦，往往能检验出真正的兴趣与志向），又可越走越远；先甜后苦，往往容易导致浅尝辄止（实际上，苦与甜是交织出现的，我们这里讲的是大趋势、大关系，而非具体的事件）。与此相比，我们现代的教育，几乎将"知"作为教育的全部，很少涉及情与意，习者大多没有入门前的导学、自察、寻师、拜师，也就不知自己为何涉足该行当，更不大会"学一行爱一行"；而办学者有利益之需，在掩耳盗铃的状态下大谈人人平等（潜台词：人人可入行，目的：可扩大招生）、万众创新（潜台词：人人是天才，方式：画饼充饥），学校又太想快速出教学成果，也就容易导致师者的自导自演。

那么，于造园而言呢？作为一名年轻的造园学习者和教育工作者，我不敢妄言，只能冒然与兄台交流下关于入门或基础教学的设想。首先，我设定的教学目的是实战；套路则是：从片段入手（该法门较为容易），片段可是经典园林内（非山水画或其他，目的：入手贵在直截了当）的一片墙、一扇窗、一弯廊、一块石、一棵树、一池水、一明暗，进而一个小庭院、一个小场景，等等，需反复揣摩其妙在何处、如何动人、又是如何实现的（此过程需配合经典园林著作的阅读），进而思考还能有多少种设计改造或变化；进而再揣摩这个片段在全局中是如何呈现的、妙在何处，发掘自己先前哪些变化改造设计比较好、哪些又较差；进而再揣摩诸多片段是如何被组织起来的；进而追溯造园史；进而游历真山真水；进而追溯山水画，此时看山水画就自然而然地以入画的状态去读画、解画了；进而再融通其他学问，等等。套路讲的是大趋势，操作时可因人、因时做具体的变化。此法没有什么"新奇"之处，与现代流行的强调所谓"创新"的概念式教育相去甚远，这恰是我对基础教育的一个基本认识：尚正忌奇、尚实忌虚、尚直忌曲。也许，互联网时代更需要我们传统师徒式教育的扎实。

问：另外一个想和你讨论的是你曾提到的"野料"一词。"野料"与"方料"（或细料、精料？），野料一词大概常用在手工艺行业中吧？这里存在一种精确性与非精确性的协调问题。传统大木作很重视精确性的，有"三分画线七分做"的说法，工匠采用排杖竿来保证建造的精确，甚至比现在的施工技术还要准确。但我记得中心修绿岛的房子的时候，安装木格子门窗是在现场对位，后斧凿调整再安装的。也就是说古建中同时还存在一套"容差"的办法。这种方法往往是通过工匠的手，凭借经验完成的，正如那些精密制造行业中一些最精确的工作还是得靠人来完成一样。在园林中，野料必不可少，也许是"视觉返朴"的一种方式。在我看来，这种方式同时也是一种建造上的"反朴"。《张南垣传》中描述张南垣造园时的娴熟程度："君为此技既久，土石草树，咸能识其性情。……君跻踌四顾，正势侧峰，横支竖理，皆默识于心……常高坐一堂，与客谈笑，呼役夫曰：某树下某石，置某处。目不转视，手不再指。若金在冶，不假斧凿。"与之相类，据赖特的学生描述，赖特是一个能精确预见建筑内外全貌的建筑师，无论是外型、景观或是室内家具、色彩。卒姆托说"曾几何时，我可以无需思考就体验到建筑，有时候我几乎能感觉到在我手中有一个具体的门把手，它的金属片形状好像勺子背一样。"传统造园是一种特殊的手工建造，但在当下，仍然沿用这种手工模式是不可能、也是不现实的。那么，有什么办法可以协调精确性与非精确性问题？如何才能如前人一般熟练而精确地使用"野料"来造园？

答：关于造园中如何协调精确性与非精确性的问题，我的切身体会主要有以下几点：

首先，精确与精微是有区别的。精确，往往是客观标准，比如客观误差不超过几毫几厘等；精微，则有较强的主观性，与人的体验密切相关，可以是在某个区间内。我不清楚兄台所言的"精确性"的内涵是什么，我更喜欢"精微"这个词。

第二，要明确精确的目的是什么。有人把精确本身作为设计的目的，于我而言，精确只是实现某个目的的一个条件而已。比如，某个房子或某个窗与某个景的对位关系需正对，在实施时就不能有偏差。

第三，不同地方控制精确的着力方式有所不同。比如：建筑，可主要控制与身体体验密切相关的部分，误差需控制在 10mm 之内；有了这项控制，其他部分就差不到哪儿，因为工人有了明确的基准点，不再是"眉毛胡子一把抓"。比如：风景，主要控制的是关系，与建筑的关系、与自然本身的关系，若关系、意韵、势等准确，形变的分寸就较大，可因材施之，可"真真假假""掩人耳目""瞒天过海"，等等。

第四，分出标准之物与非标准之物，以非标准之物调节标准之物。比如：设计和施工橱柜或衣柜时，通常用一法来处理精确性与非精确性问题：只在端头设置一块机动调节板来调节误差，其他板子均可工厂标准化精确生产，而那块调节误差的板子则需现场确定。比如：墙体或铺地，以调节灰缝来确立精确。比如：以石头、植物等调节建筑以确立精确，等等。

关于如何才能如前人一般熟练而精确地使用"野料"来造园的问题，可能没有捷径，唯一的方法是，体察、熟悉"野料"之特征、性情，还要懂工匠师傅的手和心。于此，我也许有个不大不小的骄傲：我出生、成长于河南乡村，自小土里长、山里玩、树上爬、河里游……翻墙、钻洞、和泥、捉鱼、养蚕、放牛……麦田游耍、瓜地寻兴、树林戏蝉、果园偷趣、山沟迷藏、野岗追兔、砖窑称霸、水坑弄澡、渠边逗蛙……大自然，是我的大玩具；农民（工），是我的叔叔、伯伯和兄弟。

若干评论
REVIEWS & COMMENTS

三园读与记

◎ 吴洪德

第一记：一种水果

在亲眼目睹之前，从来没想到火龙果是这么结出来的：一丛丛长且粗、浑身是刺儿的仙人掌属藤本植物凌乱地攀爬在人工搭起的架子上，向各个方向扭曲地伸展着，就像蛇发的美杜莎头颅。更觉突兀的是，它凭空在末端长出一个硕大鲜红的果实来，没有丝毫的过渡。在连绵起伏的丘陵上，一行行架子整齐地沿着等高线排列着，远远看过去和山地茶园有几分相似。这种热带植物与熟稔了的欧洲、东亚的审美毫无关联，一时间令人难以接受。站在火龙果园里，突然想起第一天去容园时在酒曲岩顶的院墙上也看到过几株攀爬着的火龙果——不起眼地掩没在满是绿藤的墙面上，远没有这样漫山遍野的野蛮生长能给人带来心理上的异域感。

广西南宁——王宝珍的三个作品所处的地点——这块土地上过分旺盛的地气和生机让我联想起17世纪耶稣会士阿塔纳斯·珂雪（Athanasuis Kircher）在他关于中国的巨著《中国图说》[1]（*China Monumentis*）里面绘制的那些奇异的插图（图51-图54）：原始的丛林里长满不可思议的巨大古怪植物，猴子和人一起捡拾果实，中文字从树叶、蝌蚪、野鸭子和猴子的尾巴以及种种难以描述的图案中变化出来……之前总以为那些似是而非的自然场景是一种荒诞的幻想，或是错误地将南亚次大陆与中国相混了，如今才知南部风土之奇与我所熟悉的北方、江南差异竟至如此。

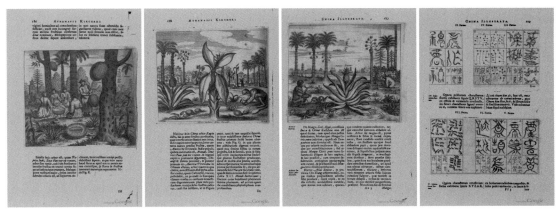

| 图51-54：阿塔纳斯·珂雪（Athanasuis Kircher），《中国图说》（*China Monument*）插图

在基歇尔的书里没能发现火龙果的插图。事实上直到出身梧州的忠王李秀成攻下苏州、占据拙政园的 1860 年，这种植物才由传教士从墨西哥引种到菲律宾，并在以后的数十年间经由法越战争进入印度支那。直到 20 世纪的最后十年间，受到日益发达的物流业的刺激，它才经台湾大规模引种到中国的土地上，成为街头巷尾的寻常货品。从 1535 年西班牙殖民者贡察洛·费尔南德斯 (Gonzalo Fernández de Oviedo y Valdés) 在著作《印第安人通史及自然史》[2] (*Historia general y natural de lasIndias*) 中第一次记录这种可食用作物起，四百余年后它开始改造中国南方的山地景观之一隅。如今又要成为一次文人造园行动的基地背景，不得不说有几分稀奇。

作为中国的南部边疆，文化的流动、交锋与融合在广西来说是一种历史地决定了的事实。唐代大文人柳宗元先左迁永州再谪柳州，诗文中多提及如何将蛮荒的"化外风景"整顿为"化内田园"的行动。[3] 这不仅是自然的改造，还牵涉到文化的移植。随后的羁縻州县、土客冲突以及土司制、改土归流等一系列历史进程则见证着本土文化向一种主流文化体系的持续迁移。在近代，传教士、殖民者和海盗在这一地区的活动也曾加剧过文化的角力。而今宝珍面对的这片风景，正是千百年里各种文化与本地风土交相作用的结果。而今日我就像万里寻亲的明末士子黄向坚一样，带着外来者的眼光来到这里，试图在宝珍的南国园林里面寻找曾经熟悉的山水。[4]

第二记：竹可轩 / 虎房

竹可轩的概念来自于南唐董源所绘《夏山图》（图 55）中一个往往被我这样漫不经心的读者忽视的细节：在层峦叠翠的南方平远风景之间，一座中间覆盖着风雨廊的木构平桥轻巧地连接了画面前方的两座小丘。一千年的画卷早已漶漫不清，无法分辨廊子的具体细节。然而比之掩映在山丘密林之中的屋舍，这座廊桥是画面上最明显的人工造物，也是观者最容易被带入的立足地。立于廊上，南国的湖泽陂塘、雾霭山峦、舟子麋鹿，一一映入眼底，令人胸襟大开。

宝珍说竹可轩的竹构做法（景 120、121）受到了这座廊桥的启发。而我从二者共同的轻盈姿态上读到了感知上的关联。与仙山楼阁画的宏丽壮观相比，夏山图中有些随意和粗朴的廊桥就像蜻蜓点水般漂浮于风景之中。这种感觉能从仇英《独乐园图》卷（图 56）中绑竹为庐的潇洒劲儿中感受到，也能从同样是中州人氏的冯纪中先生"何陋轩"的那种恬淡自如中感受到——山花野鸟、逸士野老之趣，并无半点俗心。

然而选定竹构的原因又是"俗"的，为了省钱。设计因而采取了"粗粮细做"的原则，最终的效果中又掺入了许多的因势利导和将计就计。比如，变灰了之后颇为雅致的杉树皮屋面在最初的设计中本是廉价的石棉瓦，而后业主为竹构的姿态所打动，主动提出将屋面材料进行"升级"。又比如，对工人弄错的地面标高进行补救时，增设的不锈钢管基础无意中增加了结构的漂浮感。作为工人的午餐地点和歇脚处，其实最早业主并没有抱太高的期望。然而建筑师以无米之炊也造出了意境，使得经营果园的团队上下都受到了感染。除了树皮屋面之外，业主又搬来他喜爱的原木长桌，工人们在旁边种了花花草草……雅能通俗，俗因而近雅。

竹可轩立于山顶，俯瞰着下方的火龙果园和远方的河湾，山风穿竹构而过，给闷热的亚热带山丘带来凉意。眼前之景和文徵明《千顷云图》（图 57）肖似，意境却与文伯仁《南溪草堂图》（图 58）、仇英《独乐园图》（图 56）中的耕读生活相合。在辛苦劳作半天之后能到此歇息，所奉简单

| 图 55：《夏山图》（局部） 南唐·董源
| 图 56/57：《独乐园图》（局部） 明·仇英／《虎丘千顷云图》 明·文徵明
| 图 58：《南溪草堂图》卷（局部） 明·文伯仁

却令人满足。柯律格将明代早中期"生产性"园林喻为一种丰饶之地，而葺茅编篱、理畦灌园的主人其"山水比德"也有了物质基础。[5] 竹可轩可齐明人之德。

这种轻盈、临时性无意中体现出了对"永久性"的一种中国式的态度：相对于变幻无常的政治现实、盛衰去来的基业来说，山水、以及居于山水之间的姿态是更加永恒的。除过一些名为诗意的瞬间被长久地置于记忆中之外，对物质的永久性的追求不过是徒劳。而这种记忆就像海潮一样借助不同时代的人反复重现。潮退时不留痕迹，潮涨时各有姿态。火龙果园、无名山头、忙碌的工人构成的图景也许不过是历史的偶然，竹可轩也许会在经历潮湿、白蚁的侵蚀后毁坏，或者足够幸运的话获得几次重建的机会。也不能排除会随着农场功能的变化在几十年后消失。然而在这个地点，总会有人试图再现竹可轩、夏山图或是千顷云的这种情与境。

从这一点上来说，宝珍是明智的。他将竹可轩和虎房两个"轻""重"不同的功能截然分开，从而将属于时间的和属于空间的东西分开了。与竹可轩占据视线高点的姿态不同，虎房退后并与山体的断面相贴、融为一体。虎房是有着学院训练过的设计感的，不管从是形式演练的娴熟、光线的考究还是材料的趣味上都是如此。虎房明确地显示着另外一个传统的东西。然而建筑师的企图和果园对使用的需求还是发生了脱节。事实上虎房没有得到建筑师预想中的运用，而运营团队在后方山顶上又兴建了一座蓝色的彩钢建筑作为补充。竹可轩则因为它的弱规定性和情境再现而从这种不受控的状况中幸免了。如果不做这种区分，我担心竹可轩会变成另外一些暧昧的建筑。比如说，隈研吾在长城脚下的公社中的"竹屋"那种考虑周到却显得模棱两可的状态。

竹可轩和虎房似乎是目前国内更为广泛的状况的一种缩影：非规范的、关注情感的设计往往不得不从有严格规范的、功能主义的、以教条代替责任的建筑体系中艰难地寻找自身的合法性。许多自由的探索，无论是材料的或空间的，只能依托于"临时建筑"的名义进行，或是通过极为局限的私人领域偶然地实现。

相较于其临时建筑的身份，竹可轩揭示的建筑感并不是临时的和偶然的，它以私人的方式陈述着一些公开的、永恒的记忆——也许比许多因为 50 年或 100 年"永久的"预设寿命而被官僚主义折磨得奄奄一息的建筑更为永久。

第三记：椭园

椭园的名字有宝珍式的幽默，取意于场地的形状：现状建筑造型由一个单层圆柱体与一个二层的椭圆柱体咬接而成，后者的屋顶作为预留发展空间（图 13）由宝珍进行改造。平面南北长而东西窄，长宽比约 2:1，面积大约 6 分地有余，称为"半亩园"似乎也合适。基地三面有高层住宅环绕，一面朝向城市主干道，虽然有围墙围合，但私密性和景致都告阙如。因此宝珍将几个方形平面建筑体块沿南北方向错落布置，在轴线西侧留出主要庭院并布置亭子取景，其余边角各成小院天井，规划简单但空间旷奥适宜、动静有景。

董豫赣老师将椭园称为"建筑庭"，而非"山水园"，是很妥当的。[6] 半亩之园，如果其意在山水，传统的做法是筑亭廊往往会贴边为中央留出造景的空间；如果意在庭居，那么宝珍这种居中错落造成小大空间混合的做法就是很合适的了。在我看来，椭园似乎可与绘画中的"别号图"或书斋山水相比较，以日常之境作林泉之想。

| 图 59（左）:《影翠轩图》轴　明·文徵明
| 图 60（右）:《桃花书屋图》轴　明·沈周

别号图是明代吴门画派创制的一种绘画类型。画家根据受画者的别号或是书斋的名称，取其意境、偶尔也会参照实景入画，形成一幅想象的山水。画中往往以书斋、室庐为立足点或中心，绘制园居内外景致，并经常加入受画人读书、会友等活动。比如文徵明为影翠轩主人吴奕作的《影翠轩图》轴（图 59）、沈周以自己居所为题作的《桃花书屋图》轴（图 60）、文伯仁为林尧俞所作的《南溪草堂图》卷（图 58）就是这类作品。[7]

有趣的是，这类画作的视觉效果往往以庭院为中心绘制日常的、简朴的风景，主人的姿态也往往是内观的而非外求的。雄奇的理想山水，如果有的话，常会布置在画面的远端以表明是一种精神的投射而非外在的现实——或可与画面中人物所读之书、所绘之卷、所思之事形成"元叙事"的多重阅读。画面取景或一角或半边，野趣盎然。

宝珍在椭园中的"屏俗""造景"手法也是以建筑空间为位置经营的主要手段。将周围逼仄单调的高层以简朴的建筑摒去，向内观照，于窗前廊角、行间步里营造以一角、半边入画之小景，从而激发对山水、园林之想象。如邀我为城居的"椭园主人"做别号图，效果也大概如是。

园中建筑之"屏俗"手段正如文人之素屏、园林之粉墙、贝氏苏博之书斋，融清雅与现代感兼而有之。建筑之能摒俗，本身必不能俗气、不能矫饰与啰嗦。椭园的建筑，以乡土建筑做法为基准再加以更新，黑钢骨白粉墙为形体、空心砖为门窗框、原色小木构件为椽望板、平板小瓦覆顶，材料都是寻常微贱之物，做法也没有刻奇乡愿的矫饰，构造逻辑简单直接。物尽其用、心无杂念而已。

造景的手法有直接、间接二种。直接造景为眼前入画之物，多与框景结合，形成可赏的画卷。

间接为激发想象的可读之景，或是遮景虚映以延伸视觉深度，或是片石鳞瓦以象征池山，或是梯畔天井以借意雨涧……以内外、明晦、上下、行止来剪接许多局部的片段，也获得一种行望居游的感知体验。

相对于平面布局上的成熟处理，剖面上的考虑还未能明确。如花池、置石、窗台与室内坐高的关系将影响框景的效果：落地窗外所见的地面是否应该隐藏？框景画面的主题是花木、花石、屋木、还是盆景山水？又如董豫赣老师已经指出的，乘风亭的抬高是否误将视线引至高处，从而破坏了水平画面的那种"眼观鼻、鼻观心"的内观精神指向？

比起这些细节，窃以为椭园的意义还在于"藏山水于微末之间"。这不是一般意义上的"小中见大"，而是"无中生有"：于无地之处之中寻出地来，于无材之处寻出材来，于无景之处寻出景来……十年前的我以为在现代社会中园林已是无关紧要的话题，社会状态也缺乏它存在的土壤，如今渐渐认识到只要有一点无人在乎的空间、有一个自由的心灵，林泉之想就会滋生其中。十亩之园可得山水之形骸，数亩之园可得山水之骨血，那半亩之园呢，至少也得安放山水之种籽了。

第四记：造园者宝珍

在宝珍的三个作品中，竹可轩／虎房、椭园是清晰明了的。虽然意在山水，但介入景致的方式主要还是建筑师式的"借景"或是"想景"，与直接的"造景"工作还有一定的距离。这当然与项目本身的性质有关：火龙果园虽处山林地中，功能却是生产性的农场，仅有几个配套建筑可供发挥，企图不画龙而点睛；椭园虽占据一块完整的"城市地"，却也仅有水泥丛林中一个承载力有限的单薄屋顶可供缘木求鱼；容园终于是一块踏踏实实的"傍宅地"了，3.5 亩带有 3 米落差的宅间地，似乎可以放手一搏了。

计成说，"三分匠、七分主人"。[8] 在当下的环境中造园，七分犹未足成事：材料、工艺偷不得懒，不沾两脚泥两手灰，不得成其事，这是一分；造园常在制度夹缝中行事，不替园主设法周旋，不得成其事，这又是一分。这九分里面，建筑学院能教的，或许只有三分；有机缘遇良师亲炙，能得三分；剩下三分，全看自我养成。

对宝珍的印象始终是特别的：他做事为人带着一种热诚又谦厚的天真，但骨子里又极为执拗。写得一笔好字，说话却不容易听懂。他能不紧不慢但掷地有声地说上一天，让你全无头绪，然后忽然就做了个东西出来。他也有自己的传奇轶事：常用 300 页 PPT 起步来汇报方案，说服甲方"茫然"接受设计；曾携 500 页 PPT 公开演讲而全程无人离场。

张翼关于宝珍的三个悖论式统一的总结是极为生动的。我的看法虽不全面但也类似：下手明快准确，思考绵密曲折，为人择善固执。宝珍作为造园者自己的三分里面，应有一分和他执善固执的天性有关。

还有一分也许要归之于他那乍看起来不容易理解的思考方式：就像王蒙的《具区林屋图》（图61），根脚溪岸看着明明白白，过了山洞一转弯抬头却云山雾罩。思考的笔皴如阴云密布，难见奥妙；虽然上面有几个风景美好的亭台，但总找不到上山的那条羊肠小道。

在学校的时候和宝珍交流不多，有时也话不投机。经过几次由对话到争吵再到各说各话之后，我忽然意识到宝珍的思维方式并不是我习以为常的线性逻辑思维，他同时具有"手先"的思维和"论语—柏拉图"式的对话体思维。前者很好理解：先尝试、做了再想，从手头、工法开始——是一种很好的工作方法，同时多年的建筑学训练也已经让专业基本功成为手头的东西。

后者就有些困难：他就像《论语》中的孔子和《柏拉图》中的柏拉图一样，与弟子们展开着旷日持久的相互诘问和阐发：甲发问、乙回答，甲再问、乙再答，这是基本模式；甲发问、乙回答，乙就着回答一思索再反问甲，甲回答了反问再就着回答一思索再反问乙……这是进阶模式。就像几乎只皴不勾的《具区林屋图》一样，上一笔的思索总为下一笔提出了需要应对的问题，重复而演进的局部对话使得最终的图景不可预测。奇特的是，宝珍并不是在所有的时候都需要第二个人来参与这场思维的对话。我们不能轻易地将后结构主义者喜欢的"精神分裂式"工作方法[9]来套用到宝珍身上，我宁肯说这是宝珍的话语频频出现的"阴阳"之妙的内在源泉。

这也许解释了容园平面图上我和张翼起初难以接受的样条曲线的最终的蜕变——在画出那条线条与爬满青苔、三角梅开始疯长的这几年之间，我们按照固定的路径只花了一杯咖啡的时间去预测最终的图景，而宝珍的对话体演进已经进展了不知几百上千轮。那些微妙的回应和接力，就像重手开碑之后的水磨工夫，一点点推向难以预判的方向。

图61：《具区林屋图》　元·王蒙

第五记：容园

容园的缘起是一个宝珍式的对话体事件：从几皮砖错位叠合的花墙开始到一个奇幻园林的无法预测的旅程。中间则是他与业主之间长达七年的无中生有、将有还无、相爱相杀、如切如磋、如胶似漆、如琢如磨的故事。张翼在评论中已经相当精到、全面地对容园的设计、实施历程和各个场景分别做了分析 [10]，也无须我再赘言。只取几个引起我注意的问题，将一些思考和困惑记录下来。

另类的山林气象

还没抵达现场之前，我读了宝珍写的《容园记》和《容园随笔》。作为附图，还有一个带有几十张照片的演示文件。从照片上看到的园林是既熟悉又陌生的：它与我常游的江南古典园林气象仿佛，神韵相接，共有山林阴翳之美。曲折幽深，动静成景，颇得传统意匠三昧；至于叠石理水、竹径荷塘，当是传统园林固有之元素；再三卧游，又觉某处有沧浪亭、某处有艺圃之意象。然而寓目之处，跳出窠臼别创新格者又所在皆是：如曲复廊即是一个新制的综合元素，结合了廊之曲、景窗之透、植物之阴翳、修柱之韵律，与传统游廊同旨而异趣——既是廊、又是墙、又是穿山道、时而还是亭阁。又如酒曲岩顶，形式为几何锥台，姿态却肖似峭壁悬崖；内里空间仿佛偷光石室，功能却是酒窖。

在园子现场悠游宴坐许久，这种与古为新、别开生面的感觉更为强烈：园中当然有"一线天"湖石掇山这种传统的造园手法，但更多的是建筑感十足的"空间—感知"的游戏：比如云悠厅，内外高低变幻不定，从而内观动似廊屋，静似水轩，拾级而下似洞房，幽僻如书斋。以外观内似小院，似天井，不一而足。感知变化之奇，在我的经验中只有留园五峰仙馆与前后山游观体验中空间尺度的剧烈变化可比。另外在许多细节上也能感受到建筑师"手先"的思维，手法意味较重。比如果隰廊、踏青、青瀑、石径斜、门房等都可见受到董豫赣老师影响的建筑细部做法，是一种基于砌筑模度的"视觉—身体行为—光效—框景"多义单元。值得称许的是这些细部和"造景—借景"的造园手法较为成功地融合在了一起。当然我也忍不住猜想这是否也存在与一种自然条件的适应：或许南宁植被过于旺盛的生命力、过于强烈的阴翳正好与（可能）过强的建筑感达到了平衡；如果场景转换到北方、江南，感知的平衡也许就会是另一种模样。

容园给我的初步体验——空间与手法——是复杂的：它是一种建立在另类的平衡上的山林气象。在拥有行望居游的园林品质方面无疑是成功的、可信的，但已经用自己别具一格的语言或者构法改写过了。这套语言不尽然是成熟的，也不尽然是自洽的，但在很多个具体的场景中却是有效的。这让我想起明代的仿古绘画实践，表面上看起来似乎是对古代山水画名家的主题和笔墨的继承，其实也往往借以探索个人风格，创制新主题和新的手法。董其昌甚至把这种"仿"的实践推到了一种（相较于 20 世纪的版本显得另类的）先锋派的姿态上去，将手的表演成分置于自然的视觉之上。当然董其昌的天分让他能够在形象的再现和抽象的表达之间求得一种平衡和交融，就像宝珍的天分让容园的自然主义和抽象设计能够合为一体一样。[11]

我以为在当下的造园实践中，超越"古今之辩""中外之辩"的逻辑陷阱是必要的：如果"体宜因借"是有效的原则，那我们从此时此地的场所、条件出发，平等而批判性地对待新旧杂陈的风景，兼收并蓄地从古今内外的大匠手泽中吸取营养，从而重构当下的场所感和生存主题，又有何不可？

"体宜因借"都是关系性而非本体性思考。与文化、符号的自我建构不同，它考虑的是更为基本和古老的关系：场所感、生命的意义、发现的喜悦，以及心手合一的智慧。宝珍设计中的矛盾和复杂性，是我们思考关于园林文化的集体幻觉的一次机会。

主题：场所感之问

同在邕江边、由董豫赣老师设计的东园给我留下了深刻的印象。东园手法洗练、以修整地貌、调理格局为关注点，地势改动不大且营建不多，基本保留了原始的山坡面貌。建筑形式简放，工艺不求雕琢，如沈周笔下寥寥几笔的茅舍郊店，野趣盎然。因无人打理，植物蔓生几近荒园，但其中隐含的高古与逸气仍很动人。在我的想象中，柳宗元在《永州八记》中提到的整理田园，也大约是如此的顺应自然，又成家园之思。似乎全无风格，与风土融为一体。

相比起来，容园似乎更像江南私园的一种移植和变形——地域、时代、建筑师的教育都深深地在一种习得的典范上留下了痕迹。比之东园的不拘形迹的"粗沈"风格，容园有着仇英《桃源图卷》式的工细繁丽的风格：有着对典范的理解和诠释、奇幻的形式设计，以及一板一眼的细节铺陈。

现场体验的反思带来的是对另一种复杂性的认识：这次体现在园林主题的悬而未决上。"体宜因借"是通用的法则，但相地、造景还是带有主题性的思考在里面。这当然不仅仅是从绘画——计成开篇便直陈自己"少以绘名"的身份并在"园说"篇中引用小李、大痴的山景——的主题、构图做简单的类比。[12] 事实上每个主题都有它的场所、行为的适用性，并揭示着所在场所的"宇宙观—存在论"意义。比如"相地篇"中分门别类论述每种园址类型的原因，并不仅仅是地形、环境的差别需要不同的手法来适应。同样重要的是，场所本身就意味着不同的主题，需要"能主之人"选择不同的画意来回应。针对"山林地""城市地"或"郊野地"分别列举的一系列造园行动不应被孤立出来看作一种通用的"手法"，相反这些不同的系列作为一个整体构成了"居于山林""隐于城市""寂寂于郊野"等不同的画意主题与生活情趣，这又与园主人的身份地位、道德自况、进退姿态有着千丝万缕的关联。主题构成了对场所本身的"宇宙观—存在论"意义的一种揭示，造景也不全是寻求视觉的愉悦，也需要与这种意义建立起指涉的关系。

这也是我在容园中大饱眼福之余仍对园子的组织"谋篇"感到困惑的原因，也是不断地追问"山的缺席"和"江的缺席"的原因：容园终究是在对着怎样的一种主题来展开它的演绎？竹可轩点明了山丘郊台的场所意义，椭园点明了城市"间隙""盲点"的场所意义，那么容园在大约十个左右的场景中使用的一系列设计语言，是否有可能形成对"背山面江"场所感的一种主题性揭示呢？东园的山涧也许是对这一场地——而非场所的最直接的回应了。南园事实上相当奇特地利用曲复廊的顶端覆土、三角梅制造了一种山意，相当意外，也很值得玩味。或许是被院内池岸酣畅淋漓的设计吸引走了注意力，北园的面江边界出现了一种令人遗憾的平淡——与江景的对话欲言又止。

容园的南园部分的暧昧特征让人想到沧浪亭——同样需要处理内外关系和正反两条轴线对空间的剪切。事实上整个园子的调性也让我想到沧浪亭：具有许多精彩片段的一个戏剧化的历史文本。作为公共园林的沧浪亭无遗是高古的，少了私园的那种被几百年家庭生活咀嚼和消化过的完整、体贴与甜腻，将历史的层叠、破碎与冲突坦白地陈列在人们的面前。这与东园的自然的高古不尽相同——作为历史文本的高古可读，拥有场所感的高古则可安然而居。

容园的三亩余傍宅地，有着产权、流线和边界的许多复杂性。后者不仅是物理上的，也有心理上的。南园竹林入口、北池邻水厅前的石桥、"屏俗"的介墙造成的碎片感，当是令造园者深感无奈的憾笔。在这种"南北夹击、十面埋覆"的条件下委曲求全，造出园景如许，宝珍的苦心孤诣可见一斑。

山的悬念

对于游惯了苏州园林的人来说，园林中看不到掇山是颇感焦虑的事情。南园、北园有水无山；东园有涧无山；西园有谷无山。诚然，入园必寻山似乎有些教条主义，但容园虽无山却依然有山林气象，让人不由得不把这件事情挂在心上。

宝珍坦陈，初次造园没有把握堆假山，因此只在北池中略作了驳岸置石，另外为遮空调才堆了一线天的峡谷。初次出手也做得相当不错，但这并非决定性的因素。我转而又将这种山林气象归之于岭南植物的生命力旺盛、野趣十足，但仍觉未得要领。直到有天再翻看现场照片，看到曲复廊顶上本为屏俗而作的三角梅，才忽觉豁然开朗：不识庐山真面目，只缘身在此山中。

南园中周廊曲水，岛平而成院。站在中心的平岛上隔水仰视曲廊，廊顶蔚然巍然，恰似夏日土山，与传统园林的观法正好相反：登上岛中假山隔水俯视周岸，得见堂上鳞瓦，飞虹曲廊纵横，都在脚下。而曲复廊游于"梅岭"之下，好比穿山凿岩而过。三角梅间或从廊顶探下，与岸边花木相接，浓绿直入水面。南园因此成了一个山谷的场景。而坐凳从砖砌花格到粉白一带，也恰好起到了藏住感知上的"山脚"的作用。

这种新的观法反转了我固有的心理期待：园必有山，山必有崔嵬之姿以成高远，如王蒙之《青卞隐居图》（图 62）。看了容园后转念一想：山行为何不能连绵深秀以深远成画意？沈周的《西山纪游图》卷（图 63）、《赠华尚古山水》卷（图 64）的画中游大部分不都是这样下不见坡脚、上不见峰顶、于深山腹中周游遍历的饱看沃游吗？既入真山怀抱，还要孜孜惟假山是求，这也真是"心不在焉，视而不见，听而不闻，食而不知其味"了[13]。

纪游图卷的体验在东园中得到了延续。沿着山涧中的爬山廊下趋到涧底直入云悠厅，又得一意外：廊直而墙曲，有壁而无峰。传统园林中常见的是墙直而廊曲，步移景换。这里显然做了反转，造成了一种区别：廊中观景，檐边切出水平细长的稳定画框，而画中景物则远近、高下、明晦各异，节奏感和变化都很丰富。同样，廊中观景，也是下不见脚（入水是另一说）、上不见顶，注意力被小心地维持在檐口和石坐面框定的范围内。在这种局部视野中，时而迫近身边、时而退远成为花石的不稳定背景的曲墙就有了崖壁的姿态。酒曲的向下收分虽然只是一个小动作，悬崖的感觉却大大加强了。

如前文所论，云悠厅给人的感觉是多义的：它处在不断地空间变幻、认知反转的序列中，从而使它与周遭的关系处在不稳定的状态。当然，占主导的空间定义仍然是"洞房"。在云悠厅中看山涧，颇有灵隐寺飞来峰西南部的"秘境"山谷的感觉：身处开口低阔的洞穴之下，眼前五步之外的圆形谷中，怪石乱藤的山壁充塞着视野；四周的大树树冠覆盖在谷口，将天光染绿再倾泻到谷中去。坐在云悠厅中，内心颇感矛盾。一方面暗自希望酒曲顶上能有一座小山峰，哪怕是建筑化的替代物：以柯布的手法处理过的、突出的采光窗、通风井，等等。如此则有高远之景入画；同时在暗香亭内宴坐，山峰也能给酒曲顶上平台稍加高下幽曲之姿。另一方面则怕山峰搅动了涧底的宁静宽深。一

| 图 62:《青卞隐居图》 元·王蒙
| 图 63:《西山纪游图》卷（局部） 明·沈周
| 图 64:《赠华尚古山水》卷 局部（局部） 明·沈周

时不知如何判断。

在南园和东园中纪游图卷般的低平视线与"屏俗"的目的相合。除过花墙将别墅一层的立面挡住之外，"梅岭"也遮去了高处的立面。仅就屏俗而言，这种手法是成功的。但从另外一个角度来说，缺失了和建筑室内（尤其是首层）的联系也就剥除了大部分"傍宅地"的诸种生活之乐，让这一可能的主题难以实现。

北园的临水厅是这一主题最接近实现的地方。同时，不知幸也不幸，纪游图卷式的取景也提前终结于云悠厅的门洞中，山林气象变成了开阔的池沼与置石，动观也因而变成了静观。

北园是我关于山的另一个执念所在：此处无山不甚妥当。其一是对于邻水厅内静观来说，有池无山不成画意。对于面阔二十几米的厅来说，尤其显得缺乏变化。另外观景视野中已经无俗可屏，视线导向高处也无坏处。其二对于邕江来说，少了一个可以借景的媒介物。假设此处有山的话，登高设亭，两窗可见邕江之水与北池之水，二水可有相通之想。或者一层山洞见北池，辗转登高后又见邕江，也可作如是联想。另外院内池山也可借邕江沿岸风景设题，或以倪云林两岸风景设题，以免眼前有景却无情可道。

北园的种种布置——云悠厅的月洞门、响月亭、以及宽阔的临水厅——都仿佛暗示着对艺圃的揣摩。只是艺圃水榭对面之假山，未敢轻言借。事实上北廊部分——果隅廊、一杆堂的屋顶起到了观江景的作用，只是如宝珍所说做法还有待推敲。二层连接邻水厅、酒曲、东廊的步道也营造了不错的剖面动线。以宝珍在南园和东园所体现出来的创制新格的能力，如果条件具备的话，即便是以建筑语言设山也应有别出心裁的做法。

宅西"一线天"山谷叠石效果甚好，有真山气象。可惜未有条件拓展到北园，或与二层建立路线的联系，显得有些孤立。

水之思

历来造园，山水相依。山有形态、材质、皴法，富于视觉的表现力。而水虽然无形无质，但妙在能随形就势，与地形相正负，因而常与格局有关。按杨鸿勋先生的说法，山为假山，水亦为假水。方寸之间，经营得当的话也有江河湖海、溪涧潭瀑、池滩濠濮等种种形态。[14]

容园之水，依地势自南园发源，以曲复廊为堤岸，曲折幽深，窄处为溪，宽处为潭。过鸳鸯厅下至东园，先蓄于暗香亭前，以小塘波平如鉴借天光云影。暗香亭铺装曲折留缝排水，也有情趣。然后于酒曲处叠石做叠水流瀑，湛然有声。瀑至于小石潭，方圆不过五六米，潭底深达五尺，取柳宗元《小石潭记》之遗意。水出云悠厅西侧墙下，入北园经补水又成矶滩姿态，水流石上，涓涓潺潺，汇入北池。北池有平阔之美。池水入一杆堂下，留无尽之想。池中又有小岛、响月亭、平桥。水过桥下不过一匝。又因岛岸成曲折姿态，渐渐收窄成水尾，又过一小桥收于曲墙脚下。三四亩之内，姿态变化多端。曲折尽致、收放从心、动静得宜；既分高下、深浅、窄阔，以成形胜；又有借景、听声、观鱼赏莲种种耳目之娱。可谓得当。

现场的观感是，容园的理水体现了山地的特点，而与江南私园有差异。水面不求宽阔，往往收入廊下，廊顶的出挑和灌木外伸加深了水面的吸入感，再加上亚热带阴影浓烈，往往有峭壁深潭的感觉。特别是入门房右转一小池，与小石潭意境仿佛。与传统的山水关系相反，山在外而幽曲，岛

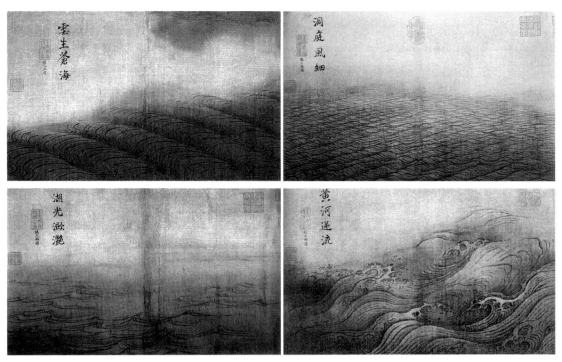

| 图 65/66：《水图》卷（局部八）云山沧海　南宋·马远 ／《水图》卷（局部二）洞庭风细　南宋·马远
| 图 67/68：《水图》卷（局部九）湖光潋滟　南宋·马远 ／《水图》卷（局部六）黄河逆流　南宋·马远

在内而平展，山顶有花木，而山脚却是白色坐凳而非花石堤岸，突出水上廊榭的效果。南园固然如此，东园更是刻意求得深潭幽涧的意象。北池虽然开阔，但有两平桥切断，尤其是进入邻水厅的平桥位置居中，岛上植物似过分丰茂，似乎将水面一分为二，缩减了视觉的宽度。池边置石虽然形态自然巧妙，植物也有盎然生机，但似乎也将高低水面的视觉连续性打破了。因此现场观感与江南园林常见的池沼、湖泊的平阔水面又有不同。后者即便采取自然形态，轮廓也往往方正。之所以参差有致，多借助驳岸叠石实现。而湖上有平面曲折之岛山，也有成片的荷花，为水体增加了曲折变化，是为外方内曲。北池相比更富于野趣而失于疏朗，有林沼河滩湿地的味道。

相比起对山的"理"的穷究，水的纹理在不重光感的山水画传统中显得不受重视。相对于"人大于山"后继的画山诸法的兴盛，"水不容泛"则似乎一直只有较低限度的回应。五代与宋应该是历史上对水之"理"最为关注的时期。从五代荆关董巨到李成、范宽等笔下的水纹理姿态是史上最为丰富写实的。马远《水图》卷（图 65- 图 68）可谓摹写水"理"的巅峰之作，出现在理学兴盛的宋代也是因缘际会。当然整体而言，水面的姿态远不如与山纠缠的雾霭云岚、飞瀑流泉更能引起画家的兴趣，米家云山更是水汽与山融合的典范。元明文人画家则近乎取消了对水纹的表现，而将其作为一种留白方式呈现的空间格局，成为表现山的背景，与地面无异。

江南私园的水池、湖泊形态简单，或许正是不愿其姿态过分变化以夺山意。正像一张水平放置的画面一样，驳岸处略加点缀有山脚入水之意而已。其余溪、涧、潭、瀑、河、濠多依附于山而一体表现，既得水趣，更增山之幽之深之奇。这与江南水乡五湖之地平阔疏朗，平远视野中圩田与种荷养菱的水地相接，陆地与湖泊茫然不分的地域特征十分吻合。江南欲见奇水，一则长江、钱塘，其次就要进入山丘来寻了。而后者水之姿态必以山势为根据。虎丘之剑池、第三泉、养鹤涧；杭州之虎跑泉、冷泉，都是搜奇入画之景。

一个有趣的现象是，江南私园庭院的地面也有按水法布置的，如网师园的北部庭院，虽无水但全按湖山方式布置。同样网师园的殿春簃庭院，据曹汛先生推测是由水池改造而来，目前无水但仍有水院的感觉。留园五峰仙馆前的庭院似乎换成水院也无不妥。有时猜测水面与地面在营造画意中或可通用也未可知。而地面如用青瓦做水纹则更增加这方面的想象。宝珍的椭园主庭院，似乎也有以院代水池的意思。

宝珍在理水中取意于柳宗元十分得当。古之永州与柳州、邕州，均是群山延绵、江河川流之地，平地并不占主导。因此柳宗元笔下的景象，多是"高下之势，岈然洼然，若垤若穴，尺寸千里，攒蹙累积，莫得遁隐"的险峻崎岖之景色，而每见小潭辄喜，流连不去[15]。这说明了山中之水与五湖之水大异其趣，而有其更可观之处，正可作为此地的典型水"理"。

当然如前文所题，邕江如能借而入园，更增一种水"理"。将与容园山地诸水形相映成趣，且又暗示了水的来龙去脉，或许也不失为一种设想。

廊与墙的变形记

我经常暗暗猜想，如果计成复生，或许不会同意曲复廊的语言，但也许会理解宝珍的苦心。也许会同意介墙、影壁的语言，但或许不见得会认可宝珍的用意。今日造园者如宝珍，面临着和《园冶》时代迥然有异的外部环境，也体现出对边界的不同思考。

在计成的时代，自然的力量还维持着田园诗画的外部场景。屋宇多是沿平面展开的一层两层合院，远山、寺塔、天光云影于庭中尚有可借，田园、河流、桥梁，不过登楼可见。不管庭院还是卧榻，钟声鹤鸣须臾入耳："萧寺可以卜邻，梵音到耳；远峰偏宜借景，秀色堪餐。紫气青霞，鹤声送来枕上；白苹红蓼，鸥盟同结矶边。"园外有景不仅可借，而且可游："看山上个篮舆，问水拖条枥杖；斜飞堞雉，横跨长虹"。因此若择址得当，园内外俱成一种浑成的生存之场所："不羡摩诘辋川，何数季伦金谷。"如果误入城市，则难免"市井不可园也"，只得"向幽偏"，"门掩无哗""闹处寻幽"。[16]

如今宝珍实践的环境则大异其趣：虽然小区在邕江北岸、远离市中心，但背有高层建筑，场地中心也是四五层叠拼的别墅，视野内遮天蔽日都是地产建筑——均是需要"屏俗"的对象。宝珍采用的纪游图卷式的观法即是出于这一目的。

除过剖面上的处理之外，宝珍又以曲复廊为南园的围合以区分内外，又以介墙、影壁屏去别墅的一层。我以为曲复廊的透墙做法，既体现了一种巧妙的处理，又体现了一种对外部无景可借的无奈。而介墙、影壁的处理降低了造景的难度，却规避了时代的问题，从而削弱了傍宅园的意义。

在意外地成为园林的一部分之前，曲复廊的曲线花墙部分本是为院墙所作的设计。或许想法中寄托了宝珍更大的野望，但它还是忠实地实现了自己的功能：以不俗的姿态隔绝内外。它以一种当代意义上的透明性操作，在隔绝与穿透之间玩着暧昧的游戏：不是景窗的那种装饰性的叠合，而是吴小仙《铁笛图》（图69）中仕女以纨扇遮覆面目带来的想象的暧昧，是安东尼奥·科拉迪尼（Antonio

Corradini）的《谦逊》（*Modesty*）雕塑（图 70）中覆盖面纱的那种想象的暧昧——它制造了一种超越视觉的想象之物。

当曲复廊以最终的形态实现之后，这种游戏变得更加复杂了：它不再满足于在内外之间制造一种图像的幻觉。进一步地，它用自己的进深、阴翳和山林之意为廊的每一边制造了一个想象的纵深，一种虚拟的外部，用以代替那个需要被"屏俗"的外部现实。曲复廊因此成了一个眼前实景与想象中的外部环境的中介物。

如前文所述，曲复廊顶上的覆土植栽下垂与内外的地面植物相连形成了曲折幽深的"梅岭"山意，为下方的穿山廊提供了阴翳的遮蔽。一天中总有相当多的时间，当阳光无法直射的时候，曲折迴寰的廊中的阴影、以及两侧林木透出的幽暗加强了空间的纵深感，让它的厚度变得不可忽视了。而半透花墙的时隐时现的暧昧介入则将这种空间感加入想象的分量，并指向墙的背面、外部。就像沧浪亭的"翠玲珑"一样，花格窗背后的竹丛制造了一种感知、想象的深渊。这种深度在远远地退入树林的阴翳之中的门房月洞门中的阴翳中，达到了高潮：月洞门内就像山洞一样幽深曲折，仿佛是进入桃花源的那个山洞一般。

而廊子、门房内外关系的含混、反转则为这种双重的外部提供了感知的基础。第一种含混，当然是张翼在文中指出的曲复廊的双面特征。就像沧浪亭的面水双廊一样：面对它的人总以为自己处在园内，而廊子的背后，是一个假设的外部。第二种含混，则是门房内外的通路的含混：园外的山坡植物疏朗，好像园内，进门如出园；园内的竹径幽深，好像通园小径，出门如进园。每次看向廊

| 图 69（左）：《铁笛图》卷（局部）　明·吴伟
| 图 70（右）：安东尼奥·科拉迪尼（Antonio Corradini）的《谦逊》（*Modesty*）

子、走向门房，都会让我们的思维透过那些暧昧不明的媒介，延伸到一种并不存在的理想外部中去。而这种含混也为曲复廊在平面上的位置所支持——它的曲线有意无意地被规划在场地的中央，为内外留下了相当的视觉深度。

这种中介物超越了对外部环境"俗则屏之，嘉则收之"的二元选择。在"嘉景"缺位、"俗景"难以尽屏的当今，利用边界的变形制造一种想象的外部。这种做法颇有先锋派的意味——以一种精神的变形来覆盖手法主义或自然主义的语汇。事实上，在现场穿行廊中，眼见斑斑点点的明与晦在花砖间变幻着图案，仿佛看到了龚贤的积墨山水。这也与传统相合：想象在园林与绘画中是不可缺少之物，它提供了从现实的立足点向理想山水投射的精神力量。

相比曲复廊的手法，南园中介墙、影壁的处理稍显消极。它们与门房内的竹林一起，将宅子与园林分成了几乎不相关联的两个世界，从而避免了二者的直接冲突，但也因此取消了对话的机会。如此园的"可居"性就大打折扣了。假如建筑首层可以轻微改造的话，我倒是觉得也许可以将部分墙面替换为玻璃，如此可以室内得景；或者又可以去掉部分面积，让室内室外庭院沟通；又或者可以加出建筑体块，如同园中厅堂；又或者可以利用垂直交通空间，摹写山意……它院如能互动，那么又能增加园居的层次了。俗物未必不能驯之以雅，与当代状况的对话也许应该超出古今雅俗的思考惯性，采用更富现实感的策略为园林在当代的创新设下思考框架。我相信以宝珍在椭园中表现出来的智慧，在条件允许的情况下会有精彩的回应。也许是因为业主目前并未入住，这种需求还未变得迫切。我相信只有经历了生活的洗礼，园宅之间才能生那种直接而密切的生活之乐来：

宅傍与后有隙地可茸园，不第便于乐闲，斯谓护宅之佳境也。开池浚壑，理石挑山，设门有待来宾，留径可通尔室。竹修林茂，柳暗花明。五亩何拘，且效温公之独乐；四时不谢，宜偕小玉以同游。日竟花朝，宵分月夕。家庭侍酒，须开锦幛之藏；客集征诗，量罚金谷之数。多方题咏，薄有洞天。常余半榻琴书，不尽数竿烟雨。洞户若为止静，家山何必求深。宅遗谢朓之高风，岭划孙登之长啸。探梅虚寒，煮雪当姬。轻身尚寄玄黄，具眼胡分青白。固作千年事，宁知百岁人。足矣乐闲，悠然护宅。[17]

第六记：记忆之宫与追忆之园

我曾问过自己，假如要给容园绘制一本《容园图》册，我应该以怎样的方式去立意、选景、构图呢？是平立剖测绘图集，是线描轴测全景，还是拼贴画？如果这些不够的话，那么是文徵明《拙政园三十一景图》（图71/72）中半写实半想象的孤立小景以及诗画合璧，是钱贡《环翠堂园景图》（图73）中连绵圜转、由山川之巨到室庐之乐的手卷，还是黄子目《岸圃大观》（图74）中分段绘制的鸟瞰全景？

珂雪《中国图说》中的一张插图（图75）里面，身着明人衣冠的利玛窦和徐光启手执折扇，并肩站在布置有圣像和十字架的祭坛前。作为为欧洲送去最早的中国图像的传教士之一，利玛窦也致力于为中国带来欧洲的知识。他写了一本颇具实用价值的《西国记法》来吸引中国知识分子的注意。也许他没注意到，这本书事实上输入了一种结构化的、图像式的知识构造方式，与中国历来的联想的、意象的知识形态迥然有异。他建议人们在脑中构建一座严谨、华美、稳定的建筑群以供观想，并将

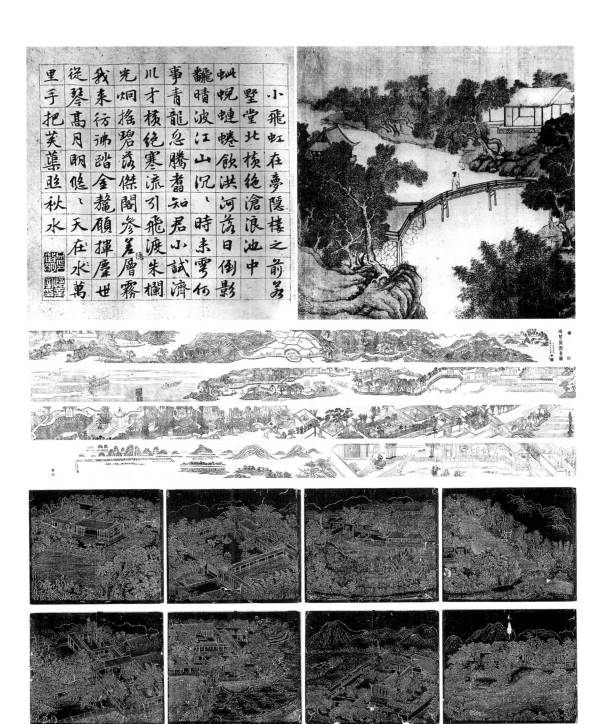

| 图 75：阿塔纳斯·珂雪（Athanasuis Kircher），《中国图说》（*China Monument*）插图

知识的本来面目分门别类次序分明地安置于其内：

记法，须预定处所，以安顿所记之象。处所分三等，有大、有中、有小。其大，则广宇大第，若公府，若黉宫，若寺观，若邸居，若舍馆，自数区至数十百区，多多益善。中则一堂、一轩、一斋、一室。小则室之一隅，或一神龛，或仓柜座榻。斯其处所之大概也。……其处所，又有实、有虚，有半实半虚，亦分三等。实则身目所亲习，虚则心念所假设，亦自数区至数十百区。着意想象，俾其规模境界，罗列目前，而留识胸中。半实半虚，则如比居相隔，须虚辟门径，以通往来；如楼屋背越，可虚置阶梯，以便登陟；如堂轩宽敞，必虚安龛柜座榻，以妙分区障蔽。是比居楼屋堂轩皆实，而辟门、置梯、安龛等项，皆心念中所虚设也……处所既定，爰自入门为始，循右而行，如临书然，通前达后，鱼贯鳞次，罗列胸中，以待记顿诸象也。[18]

这种知识的类型正是我们学院建筑教育的根本构造——按照严格范畴进行界定、按照结构化逻辑切分组合的有机体。按照这个方式来组织，以平立剖、轴测图、空间组合论的分析为形式，这本《容园图》册大约像一套方案图册或是竣工图集吧。宝珍对这个并不陌生。

然而我很难想象宝珍是这样完成他的设计的。他有他的方式——没有犬吠工作室的剖透视，也没有 BIG 事务所炫目的效果图——除了基本的制图外，他经常依靠每个部分几百页的 ppt，用海量的实景照片、局部模型来推敲、想象着场景应有的模样。除此之外，他依靠动手来推动每一个阶段的想法，在现场和工人一点点地动手来尝试砌节点、挑选石头、叠石、理花木……在七年里面他以绵密曲折的对话体推演、直接了当的动手实验，以他的热情、固执和谦卑顽强地推进着这个项目。除了他没有人能轻易地了解这个项目从前到后的所有细节：愿望、想象、现实、遗憾、可能性、参考、对话、变形、迂回……在他那极好用的脑子里面记着所有的这些——但不全是按照利玛窦的记忆之宫进行的构造。

他正式的用语是《园冶》式的，充满了联想和意象：

随基势之高下，体形之端正，碍木删桠，泉流石注，互相借资；宜亭斯亭，宜榭斯榭，不妨偏径，顿置婉转……径缘三益，业拟千秋，围墙隐约于萝间，架屋蜿蜒于木末。山楼凭远，纵目皆然；竹坞寻幽，醉心既是。轩楹高爽，窗户虚邻；纳千顷之汪洋，收四时之烂漫……[19]

他的对话体演进有时候是这样的，从局部到局部，步移景换，如同游历一座追忆的园林：

门内有径，径欲曲。径转有屏，屏欲小。屏进有阶，阶欲平。阶畔有花，花欲鲜。花外有墙，墙欲低。墙内有松，松欲古。松底有石，石欲怪……[20]

某种程度上我们都是两种知识的产物：严谨有序的记忆之宫，与散漫分叉的追忆之园。历史的凝视将现实存在和精神存在转化为群体的记忆，或是个人带有创造性的反复追忆。这是我们借以展开行动的"第三个世界"（波普尔语）[21]。在每个人的的行动中都不乏二者的交汇。就像文徵明的《绿荫草堂图》所揭示的一样，在理性的现实世界一侧，平静的水面切断了前者的延续，策杖越过一个象征性的平桥，就进入了追忆的世界：沿着瀑布向上观看，想象的山水就散漫地滋生开来，将一切严格、稳定之物搅动成一种不可预测的彼此生成和突变。

容园显然也是两种体系的混合，既有建筑学的理性自律——总是追寻着最根本的问题和最基本的解决手段，又从园林中寻到感官的直接性、直觉和精神的流动，以及作为行动者的意象。两条道路在何处、以何种方式交叉，决定了设计者将以何种手艺来履行作为当代的和在地的双重使命：将寄托在作品之中的自己无保留地推到历史的面前。

在表述自己的思考的时候，宝珍使用了一种私人的、充满意象的、带有传统哲学色彩的陈述。我认为他借以思考的概念也许跟他因不熟悉而远离、甚至排斥的概念一样需要艰苦的磨合——寻找自己的陈述是一个知识分子终身的责任，却不必然是一个建筑师近期的任务。但显然他并不是一个行动上的文化保守主义者。三个作品都以空间作为设计的根本，又往往将结构、工艺作为设计的直接入手点。正像竹可轩、椭园的结构起点一样，他依赖着自己作为建筑师的本心和本能，用手去思考。而容园从曲复廊这一动手的实验开始，又在实现过程中不断地立足施工现场进行判断。这正是建筑师这一职业的最根本的存在价值：作为与使用者同命相连之人自由、理性地舒张精神以展开、实现一个独特的世界。容园、椭园所使用的看似依据现成范本的传统园林设计手法，在仔细分析之下都有因考虑环境、场地、场所特征等因素而做的变形或适应。我认为这种实践具有当代性和在地性，并不是窃古，也不是出于意识形态的自我标榜。

我相信宝珍和当下任何一位本土建筑师一样，同时是学院建筑学和一种刻苦而漫长的自我养成的产物。他的实践同时体现了（某一阶段的）西方和（某种意义上的）中国建筑教育的影响。他那极富个人特色的言说和实践代表了当代建筑师介入园林实践的一种可能性。三园的实践为我们打开了一个话题：建筑学能为当代园林营造带来什么？反之，园林的实践又能为此时此地的建筑学带来什么？我也想借此机会将心中的困惑传染给本书的读者：假如要为心中自己的园子画一套十二景图册，你又会从何处着手呢？

注释：

1.Athanasii Kircheri e Soc. Jesu CHINA MONUMENTIS, QUA SACRIS QUA PROFANIS, NEC NON VARIIS NATURAE & ARTIS SPECTACULIS, ALIARUMQUE RERUM MEMORABILIUM ARGUMENTIS [M] illustrata, auspiciis Leopoldi Primi roman. imper 1667.

2.Fernández de Oviedo y Valdés, Gonzalo ,Amador de los Rios, Jose, HISTORIA GENERAL Y NATURAL DE LAS INDIAS, ISLAS Y TIERRAFIRME DEL MAR OCEANO [M].Madrid : Impr. de la Real Academia de la Historia,1851–55.

3.邵毅平.风景的变迁——6至14世纪中国古文中的自然.宣读于复旦大学中华文明国际研究中心访问学者工作坊《画与诗：再论中国山水与风景的含义》，2015，上海。

4. 毛文芳. 孝著丹青：明末黄向坚"万里寻亲"的多重文本交织 [J]. 中国国家博物馆馆刊，2016（02）：95–117.

5. Craig Clunas, FRUITFUL SITES:GARDEN CULTURE IN MING DYNASTY CHINA [M], Duke University Press ,1996.

6. 参见本书卷首，董豫赣.《＜造园实录＞序》.

7. 更多了解参见许珂. 君子于室：文徵明别号图中的图解与隐喻 [J]. 美术学报，2016（05）：33–40.

8. 计成. 园冶 [M]. 江苏凤凰文艺出版社，2015.

9. 乔纳·佩雷蒂，张也. 资本主义与精神分裂——当代视觉文化和身份形成／瓦解的加速 [J]. 国外理论动态，2015（04）：36–47.

10. 详见本书专论，张翼. 文质之间——建筑师王宝珍和他的容园.

11. 吴坚旭. 创造性模仿在绘画艺术中的意义——高居翰对董其昌"仿"之阐释 [J]. 深圳大学学报（人文社会科学版），2009（04）：143–146.

12. 计成. 园冶 [M]. 江苏凤凰文艺出版社，2015.

13. "礼记·大学"，见佚名. 礼记 [M]. 上海古籍出版社，1987.

14. 杨鸿勋. 江南园林论 [M]. 中国建筑工业出版社，2011：80–98..

15. 本社. 柳宗元集 [M]. 中华书局，1979.

16. 计成. 园冶 [M]. 江苏凤凰文艺出版社，2015.

17. 计成. 园冶 [M]. 江苏凤凰文艺出版社，2015.

18. 利玛窦著. 利玛窦中文著译集 [M]. 复旦大学出版社，2001：139–168.

19. 计成. 园冶 [M]. 江苏凤凰文艺出版社，2015.

20. 陈继儒等. 小窗幽记 [M]. 上海古籍出版社，2000：90.

21. 查茨科夫斯基，罗长海. 评波普的"第三世界" [J]. 现代外国哲学社会科学文摘，1985（01）：34–36+33.

文质之间

◎张翼

引子

这篇评论于我而言非常特殊，写作的对象不同于从前评论过的高手，他们或与我素不相识，或是我的师辈、长辈，总有许多距离或隔阂。而本文所要评论的建筑师王宝珍，是董门高我一届、小我一岁的师兄（同拜于恩师董豫赣先生门下），同窗数年，朝夕相处，我对他的处世秉性、专业所长非常熟悉。这一方面使我天然丧失了通常评论者旁观的冷眼；而另一方面，也给了我尝试从第一视角观察、讨论的机会。因此，本文将试以更狭窄的视野和更琐碎的凭据来品一品建筑师王宝珍和他的造园作品。

王宝珍其人

王宝珍，河南人。其为人木讷狡黠；其为匠细碎磅礴；其为学滞拙浪漫——是个罕见的极具天赋的矛盾体。

为人

宝珍的木讷不止来自他那浓重得让人焦虑的河南腔，更始于他自小在农村成长而充盈于举手投足的村夫式的"土"。我一点儿也不怀疑他能在工地上跟民工师傅打成一片，但一想到与委托人的沟通，就不自觉替他捏一把汗。一则，他拙于语言阐释，措辞和吐字往往辞不达意；二则，一旦沉湎于自己的工作，他旋即变成个不知疲倦的话痨，同时也就将自己封闭在一个光怪陆离的世界里，让人更难理解，同窗学艺那几年，师兄弟们都怕他亢奋。

然而一旦进入专业，宝珍就变得聪慧变通，甚至野心勃勃。他在对着模型滔滔不绝地炫耀他的设计时，总像是在酝酿着一场"阴谋"，不管论及妙手偶得的体验惊喜还是别出心裁的材料表现，他都会露出平时绝不会有的那种狡黠的笑。当时我们作为旁观者总是对那些显得一厢情愿的图谋不以为然，而宝珍却总抱定必然请君入瓮的自信。近几年随着从业经历的积累，我渐渐觉得，当年就宝珍与委托人的沟通一事替他捏的那把汗实在是庸人自扰——至今，无论是深具无限感染力的王欣、睿智博学的吴洪德，还是擅长机锋论辩的我自己，曾"攻陷"的甲方似乎都没有宝珍那么多吧？或许恰是宝珍的木讷成就了他的狡黠，当年他所痴迷的那些"阴谋"，起码令他自己目驰神迷，他的木讷让他很少在意别人的反应，这令他仍能七八年如一日兴致勃勃地进化那些"阴谋"，直到他的图谋能轻易地俘获有缘人。其实，委托人从来不担心建筑师木讷，尤其当下的建筑师总是表现得过分聪颖；而宝珍的狡黠也总一如当年，首先令他自己入瓮——这恐怕也是对设计效果最雄辩的示范，委托人们也自然无可遁逃地与宝珍一道相拥着落入他精心布置的"陷阱"。

与委托人不同，作为行家的建筑师们至今仍难与宝珍顺畅地沟通，因为每个建筑师也都是布置

"陷阱"的猎人，于是格外警惕别人的"陷阱"，相比起宝珍的境界，许多人连自己的"陷阱"都不情愿跳进去试试。其实也非"许多人"，那正是我自己，恩师董豫赣先生曾多次教导我向宝珍学习："你要学学宝珍，你总把事情想得太过透彻，这让你错失了许多有价值的东西。"

为匠

宝珍的匠气是无需多言的，不过那初看起来，总显得细碎、小器。当年在广西武鸣的小市场里逛建材，宝珍蹲在街边手举着俗蓝俗粉的塑料盆儿对着太阳照，映得满脸霓虹，嘴里念叨着好看好看，一副痴相；在北大建筑中心后的岛上，他把酒瓶子装上不同的水位排成笙吹，并妄想用这样的酒瓶砌墙，刮风天能吹出天籁来，师兄弟们都笑他"风天未到，疯子先出门了"……比起受现代主义简洁风尚熏陶的建筑师的清淡趣味来，宝珍的感官世界实在过于细碎和浓艳了。

不接触设计，则无法理解宝珍的那些细碎和浓艳——设计于他而言，更像是竞技。不细碎则无以斗巧，不浓艳就不能争奇。读书时，董老师的"清水会馆"正在施工，中餐厅屋顶上的圆形"天井"（图76）最令我们赞叹，但那却一度成了宝珍的心病，直到他在组课上得意地拿出针锋相对的椭圆形"无梁天井"（图77）——看起来像一只眼睛。记得那个设计遭到了群情激奋的批驳，从扭曲的视觉意趣到繁琐的排砖工艺……最后宝珍承认了那个椭圆的初衷——是为了躲开董老师的圆。但是，他似乎更关心"椭圆形是不是更猛"、为什么要做得猛、为什么要做得比董老师猛？我不知道还有谁会被这样的愿望逼上绝路。至今，我仍难以理解这种在设计上好勇斗狠的心理。然而如今看来，正是他的勇狠，成就了他磅礴的匠气——在绿岛耳房的教室里，王宝珍是唯一一位以建筑师的身份不断向董豫赣挑战的鲁莽汉子。所以他如此依赖那些细碎而浓艳的点滴积累来为他冲锋，他对质朴材料和微妙体验的敏感，并不来自中国文人式的细腻，而是来自韩信将兵式细大兼收的贪婪。他不断地杀伐，几乎针对一切与设计相关的命题，像闯进瓷器店的公牛，并随时把在场的"路人"莫名其妙地卷入厮杀，当年的组课，总因王宝珍的存在而吵得天昏地暗，直到董老师饥肠辘辘地将我们赶出耳房，仍一个个余忿难平。

其实，当初除宝珍外，我们或多或少都怯于在设计上与董老师交锋，这是为什么董老师如此喜爱宝珍，而我们也都庆幸当年因他的在场，而让我们在董老师的课堂上所获更丰。前一段有小我许

| 图 76（左）：清水会馆中餐厅屋顶上的圆形"天井"
| 图 77（中）：宝珍的椭圆形"无梁天井"
| 图 78（右）：云形桌

多的师弟电话讨教如何在董老师严苛的设计要求下自如、快乐地学习设计，我沉吟良久，最终以从宝珍身上总结的八个字相赠——"虚心接受，坚决不改"！

为学

宝珍的学问，也许是他诸多专业素养中，唯一仍被诟病之事——他的为学显得滞而且拙。滞，因为他读书往往沉浸在自己的思路里，总跟丢了作者的想法。记得一次宝珍读谷崎润一郎的《阴翳礼赞》后大悦，致电给我分享心得，一个多钟头的分享全谈的是他自己在光影间捕获的感动，当时我以为：这些感动于宝珍而言恐怕无需读书，有"阴翳"二字作启发足矣。拙，因为他总不以自己的所长治学。一旦进入治学的状态，宝珍就如董老师附体了一般，也因为模仿董老师而失了做设计时直截了当的本性：他在讲解自己设计的讲座里花大半时间谈诗，而我们都知道那些设计多不关乎诗；他喜欢在自己的文章里用并不通顺的半文言，而他恐怕也并不借文言思考。

但是，看着宝珍这七八年来所做的实践，谁又敢小看他的学问呢？他的滞，让他在进入真正的阅读之前，体验积累得更多；他的拙，也别有一番不顾一切的执着和浪漫。我想，宝珍真正的阅读，会在他的细碎体验被他的磅礴匠气掏空之后——那才是他真正渴望读书的时候。当他手中的砖头瓦块当真换成了学术经典，又会给我们多少惊喜？

容园

七年前后

大概是 2009 年，我曾因其他事去南宁造访容园的甲方许兵，听说宝珍的园子开工了，且一些建筑和构筑已初具规模，于是跟许兵去探了一趟工地。那一趟给我留下的印象很深，但并不好。

当时用于围园的曲墙已经完成，效果强烈——于砌墙一事，宝珍从未令我们失望。园内的施工才开始不久，但效率很高，印象里能看得见的是南园西侧（听松处）的一张呈样条曲线状的砖砌云形桌，以及勾画了南园基本地貌的呈样条曲线状的现浇混凝土水池，连带高差处同为样条曲线状的现浇混凝土酒窖（酒曲）。当时令我不满者有三：一者砖；二者样条曲线；三者混凝土——那几乎是否定了我当时眼见的一切了。

关于砖，当时董门弟子的成长或多或少都与清水会馆的工地有关，因而对我们而言，砖在诸多材料中总有着不同寻常的意义。云形桌中将砖砌体量打磨成自由曲线的做法（图 77）是我无法接受的，那既有悖于砖的材料物性，又辜负了砌筑固有的构造表现。对样条曲线的反感来自多年来所受的中国传统造园的训练，那看起来太直接地来自图面，或者说太"景观化"了。而自由的混凝土体量则引发了我作为一个建筑师的形式焦虑，混凝土太过自由了，它几乎是站在了砖的对立面，它既缺少丰富的材料质料的表现，也缺乏构造逻辑对它的塑造，一旦它摆脱几何形式而妄图去亲近自然，往往会一脚踏空，陷入理性与自然的双重无理。尽管当时我早对宝珍做设计时下手的凶悍有充分的预知，但面对着那一团既成事实的搔首弄姿的巨大混凝土体量时，仍觉郁愤塞胸、血灌瞳仁……

七年后再访容园，眼前的"所见"与记忆中的"成见"反差巨大，这样的反差体验很神奇，也令我获益匪浅。这里有许多事情，我至今也没想清楚，也许还要品味很多年。

进了入口的月洞,我迫不及待地直奔砖桌而去——那急迫的劲头有点像捕快去缉拿凶犯。但在一棵野长的老构树下,我几乎认不出那张曾经令我如鲠在喉的砖桌了。确切讲,在桌面浅池上疯长的杂草和桌体满布的青苔之间,我不大认得出砖了。这样的"包浆"在岭南几乎是必然发生的。猛一看,砖桌更像一块云形倒置的卧石,可坐可卧,尽管失了砖的初衷,但当石看时,它尤为难得,竟胜过不远处真正的置石。

童寯先生曾在《江南园林志》[3]中讨论过"屋宇""花木池鱼"及"叠石"的特质,前两者一过天然、一过人工,唯叠石一事介于两者之间,在造园中意义不同寻常。[3]9不过从今天的角度看来,叠石早已远离日常匠作,得佳石难,得良匠难,能驱良匠叠佳石成山而入画则难上加难。回到宝珍的砖桌上来,我现在反而庆幸当初他磨砖成云的决定,因为那从概貌上抹除了砖的特性,否则它在典型的"建构"表现下无以成石;我也庆幸他没有从一开始就打算叠砖成石,因为那样的穿凿远比叠石成山更难——恰恰是叠砖成桌的意图成就了它浑成的石品。这样,当在桌沿下的叠涩中隐约认出砖来的时候,反而萌生感动。作为建筑师,叠山不敢为时,砌砖总可为的,有了宝珍砌桌而化石的经验,许多原本难为的园境,今后竟都可图谋了。

而从南园的整体布局上,当花木、置石等补齐之后,曾经刺眼的样条曲线不见了。我一度以为:凭借经年所受的造园训练以及图纸—实境对照的经验,是可以帮助我足够准确地在要素不全的情况下预判最终效果的。而在这次对比体验之后,我发现自己的造诣仍远远不足。不过这里更多是喜人的收获:中国造园营境的方式,更倾向于在自然之势中藏匿和瓦解确定的"形",这与日本造园中通过清空障景、拔岸出水等手段来凸显山、岛诸"样"的思路恰成反照。宝珍的造园是基于中国造园的基本方法的,所以在花木充塞、驳石破岸之后,那些曾由混凝土池岸所勾画出来的不愉快的形并不难消隐,而所余的,是由这些形所确定下来的位置关系及水陆比例而已。

这治愈了我长久以来因园林研究而患上的形式焦虑症,更准确地讲,这种焦虑来自于本科时所受的建筑学的图学训练。建筑学的教育总是让我们更敏感于确定的形,而这恰冲突于中国造园的山水画意。七年前到现场时,一方面,我还是太过在意那些形了;另一方面,我似乎又小看了那些基本的中国造园手法所能营造自然意趣的能力。或许传统造园中石抱土岸的技术,因石、土素材天生的自然表征而并没有机会极致地呈现出那些造园手法的神奇;而此处的全混凝土池,尽管没有满驳石岸,只是结合竹树位置选几处重点错落驳石,简单地破了破过于连贯的弯曲岸线,但当水位近岸且水浊不能见底时,夺人耳目的其实是岸际的树石、亭台,以及它们斑驳的倒影。这样的领悟让人觉得踏实,从追求形到痛恨形,再到宽恕了那些形,我们才达成了对形的释然。从此,我们可以更坚决地在图面上经营位置,而不必太过介意这过程中所产生的形;同时,如果能胜任那些看似基本的造园技巧,我们也可以对可能面对的"过于人工"的地形或地景保持乐观——数百年来,正是那些技巧,在人工环境下成就了一座座"城市山林"。

理论上,宝珍在技术表现上的刚猛手法,与他所热衷的中国传统造园意境矛盾重重,然而事实上,宝珍所受的造园训练却在营造容园的七年中护佑着他的刚猛——那些被执行的良好的造园操作所应该收获的浑成的佳境,理应不那么脆弱才对。我们总是把中国造园的智慧当做遗产来保护,但作为一套强大的营境体系,她本应是我们在迷茫中寻求庇护的根本吧?这令人振奋的感悟一扫七年前在此地刻板留下的戾气,接下来的游园,也自然惊喜不断。

曲廊·园起于斯

现状用以围园的曲廊是整个设计的起点，也是宝珍打动甲方去制定扩大的营园计划的妙手。

其实漏砖墙的砌法是宝珍在清水会馆的一处弧形砖影壁（**图 79**）的小设计中就已经小试牛刀的——至今董老师仍为那个片段保留着王宝珍的署名。作为园墙，这样花砌的好处有如李笠翁所描述的"睥睨"：以内观外时，因为视点离花格近，视野相对开敞，墙以透为主；而从外观时，由于视点通常离墙较远，总看不清园内，实现了避外隐内的功能意图。[2]216

而这堵园墙所采用的自由曲线形式，不管是否真的关乎童寯先生提出的"曲折尽致"[3]8——我总觉得那其实是不同的曲折——都算是我喜爱的为数不多的曲线构筑之一。这种简单的丁砖脱开留空的构造原则，一旦贯彻于不同的弧度，就会从视觉上构造出不同的疏密效果来，因少而多，对建筑师而言是非常理想的境界。这样，即便不谈"避外隐内"的内外差异，单只在园内以任意一点观之，此墙也都大有可观——这样的围墙，似不当以"堵"计。像这类建构表现的插入，在传统造园语境下算是新奇的事，中国古典园林中很少直接欣赏匠作，所以计成在《园冶》[1]里提出了"三分匠，七分主人"[1]47的价值判断，李渔也从技术角度反对自顶及脚通砌花墙的做法[2]217——如果一定要在传统造园体系下谈"新"，宝珍此处作为建筑师所流露出的匠气，其"新"意倒是颇具启发意义的。

复廊作为园外墙的做法最经典的范例可见于苏州沧浪亭，由于沧浪亭边界紧邻运河，与行人天然拉开距离，故有条件为之。对容园而言，一则其南园为几家住户所共享，公共性强，二则现代小区的安保似更周全，复廊的选择并无不妥。复廊从视效上的独特意义，是两侧的檐口可以把中间隔墙附近的环境压暗，从而取得与远景更大的亮度反差，令女墙的取景更加明亮强烈。从这一点上来

| 图 79：清水会馆的弧形砖影壁

看，容园墙外的景致梳理似大为不足，那外侧廊子也少有人行，略显鸡肋。而我总觉得那正是宝珍的狡黠之处——如果我们了解一堵围墙的设计如何就成了造园，就该想到这外廊接应外部景致的"留槎"，恐怕曾另有一番巧取豪夺的心计在其中吧？

纤细的钢管混凝土柱子支承着看起来相对厚实的种植屋面，这在结构表现中是理想的次序，中间的女墙更让人只能看到复廊其中一端的承重结构，让结构看起来更加轻灵飘逸。反梁高度范围内预留凹槽并嵌砌叠瓦表皮的做法补偿了技术表现中略微缺失的古意。各部位的处理都可谓恰到好处。

总之，这部曲廊是可以抛开传统造园的语境来赏析的，它体现了建筑师在技术表现上扎实的基本功。更重要的是，对于当代造园的条件而言，我们在相地环节中梳理自然山水的机会已经很少了，比起因地制宜的"理景"来，凭空"造景"几乎可以视为困局，《园冶·相地》中不也说"市井不可园也"[1]60 吗？在这样的前提下，建筑师能否以精彩的手笔作为造园的启动机制就成为关键，在尚无景致处经营廊、亭，其是否可观就绝非小事。以现代技术表现的手段来执行传统类型建筑的操作，是可以掩护建筑师"突围"的巧法，这在建构操作中称"材料置换"，而宝珍正是个中高手。

南园·竹林充塞的妙手与左右不逢源的困境

当然，曲复廊的表现，亦如剑之双刃，它成功地帮助宝珍"无中生有"地启动了整个造园的序列，但它过于强烈的锋芒，却恰恰伤损了与之毗邻的南园。

由南侧复廊的启动，其向北扩张的带状水体可视作结构性的必然。园中的廊，总是"或蟠山腰，或穷水际"的，堆山于古代高手尚属难事，相比之下，辟水总是更可为的。再北侧的两片空地有作为公共活动的要求——那意味着对面积规模的要求——恐怕极大地缚住了建筑师的手脚。这廊、水、地三个层次为进门后东西两侧的两个小园构造了一模一样的格局，在追求序列中景致差异最大化的中国传统造园系统中，这样的格局有些尴尬。吴洪德率先指出了两侧分园的相似性，而令我颇为惊诧的是：阿德发现的真相本该让这一对对称——而非对仗的园子表现出明显的"相映无趣"才对，而我们在游园体验中何以没有直白地察觉呢？为什么这么明显的困局却需要我们去"发现"呢？

关键就在入园处扑面而来的那片竹林。林间笔直的小径是在"寻幽"无疑，但正对实墙面的对景关系应该不及诸如幽林深处的明亮月洞经典——让我们先放下这些要素处理的小节。正是这一团逼压充塞的竹林，坚决地将对称的东、西两园拆成"遥远"的两个序列，失去了彼此被直接对比的机会，恍若隔世。尤其在以向东行进为主的游线中，我们甚至可能不会经过西边的那个园。所以，尽管难逃行家里手的法眼，但此处的遗憾，却不易为一般游人所察觉。我认为，在左右不能逢源的困局之下，建筑师倒不妨暂且偷安于这样的处理。哪怕在被我们奉为经典的苏州沧浪亭，也有类似的困局，我总觉得沧浪亭现状中居中的园山与周边的留空处理也略失之于粗糙，而宝珍的竹林则与沧浪亭进园处充塞的园山异曲同工，那正是"开门见山"的本意——用充塞逼压的要素将四周的景致断然隔开，在那之后针对片段的处理，都可无伤大局。之所以斗胆将沧浪亭称为"困局"，是因为在园中堆那么大的山是罕见的事，也很难，品山而论难称圣手；但从造园经营位置的角度看，若真拔除此园山，则造景的难度更不堪设想。宝珍未敢堆山，是量力而为的结果，而代之以竹林，则不失为解围的妙手。

宝珍的困境还远不止于此。前文我们从建筑欣赏的角度品鉴了那部精彩的曲廊，但那廊在造园语境中却遭遇了矛盾：它的功能是可居人的，那意味着廊对岸应是可观之景；而作为景致而论，曲廊却是这片园中最可观之景。故而宝珍在用铺地满足行动功能之外，仅在两块硬地上各置了一处"家具"，有趣的是，"云桌"和"与鱼同饮几"在使用上的考虑似乎不及它们各自作为景致的趣味——这略显骑墙的操作恐怕是被南园无景可借的困局以及曲廊喧宾夺主的表现力逼出来的吧？

我们在此处过分苛求建筑师是不公平的，因为在无景可借的前提下如何做到合宜、得体，是计成也未曾详解的难题。我所欣慰的是，宝珍没有被这种局面逼入"恶意造景"的困境——那简直是个天造地设的陷阱，以素来对宝珍激进的设计个性的了解，我很诧异他居然没掉进去！他在南园中的操作表现出令人震惊的节制：他没有堆山，只选了几处散落置石；他也没有给水际通体驳岸——那难度仅次于堆山——仅是结合置石的位置略破了破平滑的水形，正应了《园冶》中"大观不足，小筑允宜"[1]51 的经文。比较大的动作，仅是以他所擅长的砖影壁，障了障对面恶俗的建筑，也得了"俗则屏之"[1]48 的要义。逢此俗境，能无"俗手""恶手"，能聊胜于无，也便守住了清雅的本分，个中疾苦，恐怕是只有亲历过造园艰辛的人，才能体会的吧？

从容园归来，我也一直在想南园"拆局"的策略，因为这样的局很现实，也极普遍。其实途径不多，我也不敢用山，那就剩下用水。选择一个分园将带状的水面扩大，令"岸"成为"岛"。这样一方面可令东西两个园子的差异拉开；另一方面，水面本身就是可观之景。这其实就是中国画中的"留白"，但此处消极的拆局策略还远谈不上模山范水中以白为水的境界，其实只是相当于在纸面构图上的留白——在中国的写意画（不仅限于山水题材）中，当不知如何处理时都不妨多留白，那样纵不点睛，也绝无恶手。只是造园的空间与白纸不同，事实上是无所谓白可留的，除理水外，能在格局上清空要素并兼得近似于留白的构图意义的手法并不多。这让人联想到童寯先生关于"南浔数园，大而多水"的批评，不知南浔的多水，是过犷的趣味追求，还是拙于造景的无奈呢？

当然，生机勃勃的岭南物性也给造园带来了许多惊喜，园中不乏疯长的"不速之客"，也增益了水岸与曲廊—自然—人工的对仗。宝珍说他很喜欢那棵野构树，其实那树形一般，但经历了前面这一番关于造景的痛苦思虑，我对这种喜爱也感同身受。

东园的胜负手

从南园进入建筑东侧与地形边界之间的狭长地带，局面骤然明朗起来。首先，建筑的侧面紧邻园地，紧逼的体量反而更容易藏匿，这有点像灯下黑的道理；其次，这一段场地存在一个近一层的高差，在不敢奢求自然山水的条件下，这样的高差算得上得天独厚了。

交界处，南园的水体被以相近的尺度扩展到转角处，并以一墙之隔的复廊及中央的一对鸳鸯亭作为分隔与连接。这片水体之下其实已不是地面，而是称作"酒曲"的现浇混凝土酒窖，体量上大致成 L 形，水沿着作为建筑的酒曲屋顶跌下成为瀑布，而跌下后 L 形沿建筑侧的一壁便借着高差自然形成山势（图 80）——这看起来像是天然地形的关系其实完全是以建筑做法由人工催动出来的。

从飞流直下以后，容园的序列也渐入佳境。狭长的地形令靠建筑一侧俨然佳山的酒曲外形与另一侧的修廊形成了一高一卑（图 81），一对景一行人的恰当关系；而东侧园墙规则的由半圆反复接续的砖砌波浪墙，与酒曲的关系则一砖一砼，一规则一自由，对仗工整。瀑布，以及令东园"构园得体"的两组对仗关系都启动于建筑师借由酒曲建筑而凭空塑造的地形——那是除廊、亭等园构以外宝珍在容园中建的唯一一座功能建筑。我以为，这正是关乎整个容园成败的"胜负手"：修长浅促的场地形状自古被认为是造园的"天时"，地势高差可谓"地利"，而宝珍设计操作上的突然发力则正应了"人和"，在这样得天独厚的关节若不肯铤而走险下重手处理，后面恐怕再无机会了。

这种意图将山水格局借酒曲的建筑操作而毕其功于一役的诉求，迫使宝珍选择了防水性能卓越同时塑形能力极强的现浇混凝土技术，以获得形态塑造上的自由，但同时，也意味着放弃了砌体构造在造型上所能给他提供的一切启示与支援。要想通过支模——浇筑的方式获得自然之势绝非易事，这极考验建筑师对尺度的感知以及对地貌构造的把握能力。宝珍此处魄力十足的取舍让我觉得惊心动魄，而从结果来看，他对地形的塑造是成功的，也制造了足够多的惊喜，可谓"艺高胆大"。

如讨论南园的尴尬时所提及的，于造景一事，这"凭空"二字最为牵神，而对于拙于叠石堆山的现代建筑师而言，"以房为山"的策略恐怕是最有效的权宜之计了。那山形真的好么？其实就"壁"而言并不重要。得地形浅促之利，建筑师令酒曲外墙向修廊一侧倾斜逼压，不仅令混凝土墙得崔巍之势，还让修廊中的人难以望见砼山的全貌，其手笔大有来历——李渔曾提及以壁为山的策略，《闲情偶寄·山石第五·石壁》中有：

> 山之为地，非宽不可；壁则挺然直上，有如尽竹孤桐，斋头但有隙地，皆可为之。且山形曲折，取势为难，手笔稍庸，使贻大方之诮；壁则无他奇巧，其势有若磊墙，但稍稍迂回出入之。其体嶙峋，仰观如峭，便与穷崖绝壑无异。[2]231

关于后续的处理，则有：

> 但壁后忌作平原，令人一览而尽。须有一物焉避之，使坐客仰观不能穷其颠末，斯有万丈悬岩之势，而绝壁之名为不虚矣。蔽之者为何？曰：非亭即屋。或面壁而居，或负墙而立，但使目与檐齐，不见石丈人之脱巾露顶，则尽致矣。[2]231

这其实也是对《园冶》中"培山接以房廊"[1]58的手法详解。宝珍此处对关系的处理相当中肯。

廊与东墙脱开的缝隙则是中国造园的常规直觉——能脱开处脱开，才有片段插入的余地。但由

| 图80（左）：修廊、酒曲山岩
| 图81（右）：界墙峭壁、修廊、酒曲山岩

于地形狭长，宝珍并没有使廊曲折，而是令墙曲折，这很机敏。这道砖曲墙也曾是当年在董老师课上争论的焦点，或以为代之以一面平直的白墙更为雅致；但我总觉得，在两可之时，作为宝珍的园子，但凡有机会展现他精湛的砖活儿，倒都不妨为之。这道曲墙本身是精彩的，略麻烦的只是它顺带勾画出了五个一模一样的半圆形凹龛——在不讲本体性韵律的中国园子里，这样的阵列少见，也不容易善后。好在龛不甚大，可以在里面插入不同的景致。我觉得可以考虑选一两格铺平、清空，使人能步入其中，破一破五景联排的阵列，也可在穿行的廊子间增加可居之地。

从瀑布起向北，布局的图底关系也以注满的水体为底，同样得益于狭长的地形而绝无"大而多水"之嫌。东园北端收之于白墙，盈之于水榭——云悠厅。云悠厅不止是东园与北园的转折，更是整个容园聚精会神的集所，是点睛之笔。云悠厅的挑板做法有效地实现了藏水，配合着两侧的廊与石岸，三种不同的藏水最大限度地在浅促的空间中放大了水的感知意象。进厅后的体验也很经典：南侧开敞，尽收东园山、水、廊、墙诸景，此处的尽览又不同于从一园高处的尽览，汇聚精神之外，也深得那由狭长场地以及山、廊共同构造出的深远，东园经营中的天时、地利、人和，可纵情于此处一望之快意；北侧的开洞是一横卷，收北园树、水的近景，与南侧的深远形成对仗；西侧月洞不仅作为北园入口，更是收纳亭景的画境。三面有景且面面不同，这是造园营境最理想的佳局。轩厅高敞又面面可观，这也无疑成了最可居之所，宝珍说他最喜欢这里，郭熙也说："可行可望不如可居可游"[4]632，园游七分时逢此居所，正可流连，也是恰到好处的。

北园的水到池成

从月洞入北园，这是整个容园序列的终了，从要素而言，也堪称高潮。

从造园过程而言，这也许是最酣畅放松的阶段：其一，南园中宝珍冒着无景可观的大不韪也不肯多做水的节制，此处获得了回报，他终于可以义无反顾地将北园灌作"北池"，从结果看，这样的取舍是明智的——先抑后扬当无差错；其二，有了东园中难度极大的混凝土山形塑造，北园的注水留白就一点也不显得消极，反而使两园形成一山一水，一逼仄崔巍一疏朗平旷的对仗；南园节制的置石也换来了北园得以恣意叠石的权利，宝珍似乎把八成好石头全叠在这里了，而且无需叠山，以横皴的大石次第叠成跌水池岸，不难取势，且直接与建筑底层的临水厅路径相接，好不快意。此园要素充沛，且再无掣肘的难事萦怀，着力不大，散漫经营，却能与南园相开阖，与东园相映成趣，使前面造园序列中的隐忍与操劳所结出的硕果，都在此刻一时得到宣泄和舒展，是谓水到渠成。

水景不只技术上比山景易成，观水也可比观山更散漫自由。西北角置水榭（一杆堂）以及接连月洞的石板桥的藏水才是关键，能藏出无尽的水势，就全不怕视野平阔。尤其东侧的石板桥将水分成大小两潭，效果极佳，可证之于无锡寄畅园七星桥之妙；但洲头通向临水厅的石桥从当心披水，似略欠考究，当然，居中或许是为了双拼住宅的公平考虑。

一杆堂屋顶可上人休闲烧烤，因不常用，被宝珍引为憾事。我却觉得此处从造园实践的角度来看无伤大雅，且由一园高处纵览全园之胜，本就带着中国造园的忌讳，童寯先生称之为"一览无余之憾"[3]9，故能做到聊胜于无，便可不必介怀了吧。

其实出我意料的，倒是从住宅露台上对北园的纵览，居然全无童先生所说的憾事。我非常喜欢坐在露台上凝望云悠厅月洞的视角（图82）：那太像我所深爱的艺圃——响月廊旁通向浴鸥院的那

图 82（左）：北园看云悠厅月洞
图 83（右）：艺圃浴鸥小院的月洞

个月洞！（图83）宝珍居然把桥头的水亭命名为"响月亭"，其用心昭然。其实容园里触响我心弦的，都是如这般数百年来似曾相识的片段。至于这种造园者间的心领神会如游园者何？此刻却是我全不在意的，不同的期会，自然各有各的缘法。

小品一线天

建筑西侧的"一线天"是容园在户外的回路，其地形狭窄更远甚于东园，路径却与容园入口处的竹林小径一线。宝珍没有让路径连通，意味着他不希望有人入园后被导入这条路径，而只希望它作为游园后的一条归路而已。

越局促的地形对于造园下手就越有利，这在东园已经领略了，而此处则更加极致。宝珍下手精到，他在原已狭促的空间两侧继续叠石，令狭者愈狭，而终应了"一线天"之名。在发现场地的特征后，着手强化这些特征是必然的倾向，宝珍的操作机敏而严谨。

尽管一线天里的叠石是难为的山形，但叠山的难在于"取势为难"[2]231，然而具体到这极端狭促之地却并不掣肘：其一，远观取势，近观取质，人在这里穿行，并没有机会端详山势，石头之间的皴法接应和石壁的身体感知才是首要；其二，从造型图底而言，此处无需穿凿山形，只需用叠石磊壁来围合路径，能在如此狭促的宽度下令路径迂回婉转，山形也自然清奇。令人惊喜的是，能令这条路径婉转已然不易，宝珍居然还略理出了些如八音涧的山重水复，当年被董老师训斥的逼迫人体的"变态"，如今走上正道便可谓之"变态生动"了——这倒是中国文人理想的"变态"。

在一线天尽头的"踏青"，做法源自董老师在清水会馆的"斯卡帕大台阶"。此台阶充塞于斯，进一步强化了狭促的空间气质，视觉上截断去路，身体上却方便蹬越，令标高不知不觉间回到了东园跌水之前的高度，是兼具合宜与得体的巧妙引用。

登上台阶，也就不自觉出了一线天，空间不大却有豁然开朗的对比效果。此时总觉得对面的那堵墙是个遗憾，若能开洞互通消息，开朗中又窥得竹林幽静，两面可观。我知道宝珍不想让人从此通过，其实他一定有办法做到。

其他

容园的一遭游历，让我也好似跟着宝珍造了一遍园子。纵览回顾，其间妙笔迭出自不必说，游园者于此当更有道理。作为造园爱好者，我最佩服宝珍的，还是他在南园罢手的隐忍，以及东园出手的果决。回到此前针对南园批评过的左右不能逢源的遗憾上来，宝珍不是不能如在东园里那样发力造景，也不是看不到如北园注水留白的策略——他是在权衡大局。如果——其实是必然——造园中总有遗憾，我也会把它留在更早的序列里吧？这些年我们总是刻板地赞叹宝珍在表现上的天赋，指摘他在大局观上的捉襟见肘，而这次正是他在大局上的苦心让我感慨。也许容园中的遗憾和争议与惊喜一样多，作为一个建筑师造的第一座园子，宝珍已经做到让这些憾事尽可能远离造园的关键，也无愧于"能主之人"的身份。

大家似乎都更喜欢他在屋顶上造的椭园，我也更喜欢待在椭园，不过从造园的角度上，我似乎想谈的不多。屋顶结构的限制和尽量多盖房子的诉求，有助于锁定园子的格局和轻质结构的选型，其间对造园片段的插入更像是习作。椭园的高完成度，有更多成分来自宝珍扎实的建筑基本功，而宝珍一贯擅长此道。椭园比容园最大的进展，是对身体的关注，对"可居"的更持久和更淡然的园居状态的尊重。由于关注点的迁移，宝珍同时放松了建筑材料表现和制造视觉冲击这双重的执念，这让全园的操作都显得更恰如其分，同时，序列以"院"而非"园"被串联起来，也进一步加深了这样的印象。

比起椭园，火龙果园的"虎房"对我的触动更大。竹可轩很美，那符合我所了解的宝珍所能驾驭材料的常规水准。用毛石虎皮墙筑起来的虎房，其滞拙厚重与轻灵飘逸的竹可轩恰成对仗。作为单体建筑，宝珍对虎房下手的直接和简练，是出乎我意料的。除了入口高差间那似无悬念的"斯卡帕大台阶"，宝珍的着力集中在两处：入口月洞的厚度表现——他焊了筒形的钢板令那洞口足够笔挺，这很凶悍；以及舫形屋顶上的大悬挑混凝土桌面。其余部位皆由朴素的一般虎皮墙做法来完成。作为建筑，虎房并不比竹可轩更"好"，但作为建筑操作，它所呈现的一张一弛弥足珍贵。

作为建筑师，行事能交错于文、质之间，是很理想的境界。宝珍在专业上的天赋是起于"文"的，但我总觉得，经历实践和时间的洗礼，他人格中的"质"，会是在他的设计生涯中陪伴他更久的特质。吴洪德感慨说："七年，对一个建筑师意味着什么啊！"是啊，七年，一个漫长到足以令爱情失色的周期，也让一个锋芒毕露的建筑师变得安静沉着。幸运的是，对这个刚过而立的建筑师，我们尚可期待他接下来的那些七年。

参考文献：

[1] （明）计成 . 园冶注释 [M]. 陈植，注释 . 第 2 版 . 北京：中国建筑工业出版社，1988.

[2] （清）李渔 . 闲情偶寄图说 [M]. 王连海，注释 . 济南：山东画报出版社，2003.

[3] 童寯 . 江南园林志 [M]. 第 2 版 . 北京：中国建筑工业出版社，1984.

[4] 俞剑华 . 中国古代画论类编 [M]. 北京：人民美术出版社，1998.

景由境出

◎ 古德泉

前言

由风景园林师探讨建筑师的造园实践活动，虽然是班门弄斧，但也正因为有不同于建筑师的视角，可以将容园的营造置身于园林建设跨越式大发展的背景下进行思考，系统梳理园林与建筑的关系，总结基于建筑学背景下的传统造园的传承与发展，建构与发展适合中国城市建设的风景园林设计理论。

初探容园，即被斜径、缓坡组成的入口与漏砖墙建构的曲复廊在铁冬青、迎客松、碧云草、青苔石、紫藤等岭南植物掩映下所建构的境域打动，立刻对容园及其建筑师王宝珍充满了好奇，特别是在游园过程中，宝珍对场地内一草一木、一砖一瓦如数家珍更让我体会到他对容园用情至深。《园冶》[1]提到"三分匠、七分主人"，所谓主人，就是造园的能主之人，现代意义上的设计师就是能主之人的重要一员，宝珍七年磨一剑确实非常宝贵，除了不折不挠的精神之外，我更是被他朴素的园林建构理论所震撼，他为我打开了一个不是特别习以为常的造园路径和方法，但是仔细琢磨又与传统造园极其地相似，在传统造园的神韵与现代材料建构的造型之间找到一条创作途径。

本文从容园的创作路径与方法和时代价值与意义两个角度进行探讨。

容园的创作路径与方法

在访谈中与宝珍探讨容园的设计方法时，宝珍强调图纸对于他而言只是手段和工具，绘制图纸只是为了给甲方和工人看。而设计构思当中对位置、场地、光、风、雨、景、材料、结构、空间、场景、尺度、关系、工艺、工期、造价等具体的设计问题的思考和判断都是在项目场地完成的。

王绍增先生之论：

中国园林设计起源于创造一个（真实或模拟的）自然中的生活环境（对于大多数人）或与大自然对话（对于高层次的文人）的场所。但园林首先是一个工程，园林艺术要立足于工程技术的可实现性……《园冶》提出"七分主人，三分匠人，非主人也，能主之人也"的主张。此处所谓的能主之人，是指有文学和绘画修养基础，并有现场造园实践和指挥能力的文人，他的主要工作方法是在真实现场的时空环境中仔细地观察思考（所谓"相地"），通过想像来设计空间，布置景物，组织游线，可称其为"时空设计法"。这种设计法一般不需要画出平面图（计成称之为"地图"，并说"式地图者鲜矣"[2]）。

显然，宝珍的创作路径与方法和王绍增先生所说的"时空设计"不谋而合，它既不是源自西方却在当下中国盛行的景观规划设计理论体系，也不会拘泥于建筑学的图学思维训练所形成的对型的过度苛求从而将对设计的思考停留在图纸形态操作层面，也不屑于标准化、流程化、商业化的设计套路，更不会将精力花在臆想出一系列炫目的、空洞的、抽象的理念或概念来自欺欺人，而是置身于项目现场，全身心去理解和感悟场地的特质，遵循中国传统造园的法式又不会拘泥于形式，实事求是因地制宜地采取或刻舟求剑、或守株待兔、或随遇而安、或取长补短等等不同的营造手段，围绕着人对场地的需求和体验进行造园，这种创作路径与方法在真实的场地当中游走并建构适于生活的空间境域。

容园的营造始于六栋别墅的围墙设计，初期业主要求园林必须配合商品房销售，而且物美价廉并能尽快完成设计，同时为六栋别墅八户业主提供公共花园和私家庭院，不过随着容园的逐步成型，业主许先生对园子的喜爱程度也不断增强，最后将容园保留下来作为私园或会所。复盘容易的建造过程，可以看出宝珍在项目建设之初，能够坦然面对场地严苛的限制条件，在满足业主的需求基础上逐渐展现对园子建造的野心，这种因地制宜、实事求是从场地条件出发的创作方法在当下大多数设计师不能摆脱被权贵或资本所掌控的设计显得非常珍贵，它与《园冶》[1]提倡"景由境出"的创作路径和方法高度吻合，个人认为，在造园当中所谓的景就是由创作者建构的景物或场景，所谓境，可以是环境，也可能是主人的心境，遵循"景由境出"的创作路径，就是要从场地的实际条件出发，在有限的条件下发挥创作者无限的想象力，它与只求彰显创作者个性而不顾实际条件的设计思维很不同，创作者明白造园不是图面上的画画，园内的一墙、一石、一木等一旦落定，很难再移动，更不可能全盘推到重来，也清楚创作者在面对自我之前，必须妥善料理好形形色色的甲方需求，明确提出园子是供人进去用的，不单单满足视觉需要，它几乎囊括了一切的感官体验和意识体验，要时时刻刻关心造价、工期等现实问题。

张翼认为宝珍的造园是基于中国造园的基本方法的[3]，这点我非常赞同，宝珍既传承了传统造园的思维方法，又可以结合自身建筑学专业背景凸显对材料、构造、工艺等建构的娴熟技巧，营造出能够有别于传统样式又有传统意味的景观形态。更重要的是，造园者在深入现场、实地感受后找到心中图像相印相合的设计方式，与古代文人造园的方式大致相同，它并非在图面上做设计，图面作为园林实体的二维空间投射，在图面上的构思和操作过程中，并不能给设计师在设计考虑上带来身临其境的感受，在现场可以察觉到更多的问题，提出更多的想法，而不是图面操作中嵌套变换模板。把设计师现场感受、实地构思设计的方式，与图面设计相对，在这里暂且称为"入境式设计"，即设计师是游走在场地中多方面考虑问题。图面表达是作为表达、交流的工具出现的，《园冶》[1]所论"式地图者鲜矣。夫地图者，主匠之合见也"，即图面仅仅是交流工具而已，以图面为设计中心显然违背了设计初衷，容易走向构成或被形式控制的极端。容园营建历时七年，时久日长，与古代文人造园相类，可视作"入境式设计"的园林营造现代典型案例，在当代图面设计盛行的园林行业中，有着特殊的意义，值得深入研究并丰富现有的风景园林设计理论体系，随着VR技术的发展，风景园林当中的"入境式设计"或"营境式设计"的设计方式将逐渐以图面操作为主的图面设计，在未来的设计当中起到越来越重要的作用，宝珍在容园的创作当中的实践探索和理论总结将起到积极的作用。

藏山环水的位置经营

容园的布局以别墅为中，南、东、北三个方向设园，以水脉相连，似断未断，各景之间互有勾连，三园疏密依基势各不相同。整体布局为园包宅的形式，即宅园倒叙。宝珍认为，宅园倒叙的布局，一方面可以迅速入境，另一方面宅可以最大限度地借景，以此作为布局谋篇的切入点。因此，整体布局呈现"藏山环水"的格局。在访谈中与宝珍讨论布局上整体和局部的关系，他认为对园子的体验和感受有多条路径、多个维度、多种感官、多种意识的复合感知，"整体"没有一个固定不变的模式，整体布局并无定法，随无定法，但并非无法，"整体"是由各个"局部"编织起来的，它们之间的关联通过广狭、疏密、明暗、幽畅、高下、远近、缓急等一些列手段完成的。

孟兆祯院士在《园衍》中提到：

中国园林艺术从创作过程来看，设计序列有以下主要环节：明旨、相地、立意、布局、理微和余韵。而借景作为中心环节与每个环节都构成必然依赖关系。将以上序列进一步加以归纳，可以将园林艺术创作的过程分为两个阶段：即景意和景象。前者属于逻辑思维，而后者属于形象思维。从逻辑思维到形象思维是一种从抽象到具象的飞越，非一蹴而就，但终究是必须而且可行的。以上提到的只是创作序列的模式，并不是死板而一成变的，实践中完全可以交叉甚至互换。但客观是有规律可循的，的确存在这么一个客观的设计序列[4]。

我始终觉得，在构思一个园子的时候，序列是客观存在且并非一成不变，在这里，尝试从游园的角度去剖析容园的设计序列，并由此推断其造园的构思操作。宝珍提及的"相地量体、东坡之石、围中取势、是墙是廊"可以视作明旨、相地、立意的综合过程，整理分析了基地的条件、思索如何开始下手，且与基地配合，并由围墙至曲复廊的确定，成为容园营造的构思起点，作为起点与破题，曲复廊承担着激活全园的任务，后续的"委曲求全、曲折尽致、异曲同工"皆为曲复廊的营造构思，可视作"理微"的过程，"投机取巧·关系邻里、斜中求正、大小之争、抑扬顿挫、隔而不断、以水理势、散石助兴"是自南院及大门的设计构思，包括了"布局、理微、余韵""顺势而为、勾勒山水、东山再起、水绘东北"为东园至北园，同样属于"布局、理微、余韵""一线天机、开轩面场圃"则是别墅夹道及背部入口的设计，可以视作"理微、余韵"。

明旨，就是要在明确树立以总目的为宗旨的前提下，开展各项具体的园林设计活动，确定其矛盾特殊性[4]。

容园的明旨，是围绕着"宅园倒叙"的矛盾特殊性展开的，明旨、相地和布局是紧密联系在一起的，水脉相系的布局，是对于园包宅这样的基底而产生的。从整体与局部的关系来看，设计师并未在开始建立清晰明确的整体意象把控全局，自南院、东园、北园的设计是各依基地现状、甲方要求，结合设计师心中图像分别构建并接续起来的。在容园设计中，是在整体考虑与局部考虑之间来回切换，并非明旨、相地、立意在先，布局、理微、余韵在后的次序过程，而是明旨、相地在前，立意在布局的控制下，穿插在设计师构思过程中，由立意至理微到余韵。设计师不着重于固定游园序列的考虑，而是以分散布局、相互串联，营造出多种游园序列的方式进行的。从场地关系上来看，也可以看到，除含轩的次入口，主入口在南端，接入别墅宅内，作为园包宅的整体布局，更多考虑的是宅与园的相互连接，也就是并非布置固定的游园序列，而是基于生活和需求，建立了宅与园的参照关系。

次序辨析之后，接下来依南园、东园、北园的顺序，从曲复廊开始分析，应对甲方"围墙防盗"

的要求，以复廊的"悬挑"作应对，作为入园起始，重要的是引入，入口反映出园的定位、特色，从诱导方面出发，与周边环境适应，不大量堆砌，适度引起游玩的兴致，即作者所言"以曲入境，诱惑形势"。曲复廊的形象有瓦片砌巢、钢管细柱、镂空介墙、细作白栏、架空藏水几个特征，在感受上给人以轻盈之态，配合其曲折有致的走势引导，完成了园林景致转换中"起"的要求，复廊之曲与周边的地形水体的布局相适应，有着诱导的作用，复廊的轻盈体态也满足了不堆砌、适度呈现的要求。设计师在青砖压顶、精工细作的 500 高白墙作栏上，也把握的非常到位，即选取游人直接接触的、有身体体验的、发生直接关系的构筑物做精细，复廊的镀锌钢管廊柱与青砖平砌铺地都不会粗糙，这样即使廉价水泥砖介墙的粗糙也不会过于影响游园体验，反而生出反差和对比，更为有趣，使得景物层次更为丰富。

曲复廊虽为破题起手之作，进入容园仍需经斜径、缓坡、正门而入，即"斜中求正、大小之争、抑扬顿挫"，由 11 米的斜径缓坡和 5 米的门房组成容园的"序"，期间要经过铁冬青、迎客松、碧云草、青苔石、紫藤、洞门、门扇、影壁、小洞门。小洞门之后为小石桥、竹林小径，而后到邻里相聚的宅前。作为入园之"序"，需体现幽深之感，然而入园之"序"同时也是入宅之路，入园入宅都需要便捷，入宅更甚，入园则更需幽深，幽深与便捷相悖，同时入宅与入园在幽深的考量上，过于幽深并不适合入宅，南园纵向的入宅之路，与复廊、水系等的横向走势，相互交叉，在此处将幽深、便捷、气派、深藏、均分等的相互矛盾凸显了出来，设计师是用"抑扬顿挫"的分段次序缓和了矛盾，就整体而言，不失为一种不错的解决方法。

入口之后，下面进入南园，南园在布局上较为疏朗，但因作为 8 户共享的园地，且因入宅入园之路与南园的交叉的原因，南园的周边关系反倒不简单，南园实则是因廊而水，水体与地形相互生成，构成了南北向的三个层次，东西向上因与入宅之路的交叉，设置了竹林、小桥以模糊了冲突和分隔，主要造景重心还是在复廊、青溪、地脉三者配合植物形成的收放、曲折、藏露、远近的变化之中。如此看来，南园的布置实则是最为考究设计师的专业功底的，南园一边为听松处与风韵亭相对，另一边为含笑里与含笑亭相系，成为四处休憩娱乐的主要活动场所，中部的竹林既使得两边划分开来，"隔而不断"而隐约通透，又在南北向上的入宅之路的层次纵深上加重了一笔，实在是南园设计中最为得体合宜的一处。

南园青溪水势在藕香榭处停顿宛转，与含笑亭、复廊三者围合成一水庭院空间，水势北行，过背对的暗香榭，便流入东园的地界了。南北双榭相对称、相依靠而建，并在双榭的介墙处设窗互通，可以看出设计师沟通南园、东园的用心，而东园的重要作用也在于沟通南园和北园。基地南北的 3 米的高差，是东园解决的核心问题，在这里，设计师沿用层次布局的方式，东西向设峭壁、瀑布、爬山廊三个层次，解决了高差问题，东园的横向三个层次被两侧的别墅墙体与另一边的曲院墙包裹围合起来。如将南园看作平远布局为主的视线左右游移，即身体动作的环顾，则东园便是高远布局为主的视线上下游移，即身体动作的俯仰，也就是说设计师在基地原有高差的基础上，依据地形的便利，加深了高下的游观感受。在东园高下的布局上，是在南北向上分了四个层次，从暗香榭与修廊拐角出的平缓水庭，到顺流而下在酒曲岩的峭壁、瀑布跌水、修廊下行处平面空间上进行收缩以促进高下空间的游观高潮，转下之后空间开敞一下作为过渡，过渡是为了后续小石潭、云悠厅处的宁静、舒缓。云悠厅小石潭处水势回环，为一停顿转折，小石潭所取柳宗元的《小石潭记》的意象与瀑布峭壁、云锁深山的意象形成反差对比，使得高下的感知变得极为强烈，走到此处回首一望，高远之意立显。

以云悠厅为关节，转入北园，依上文所述南园作平远、东园作高远解，北园当以深远为主，是视线的聚焦、身体动作的游移深入，尽远处为自得亭，亭中设镜，亦可为深远增色。北园以中部偏东的响月亭为枢纽，自东部的果隅廊至西部的自得亭，设桥分水，构建层次，营造深远意象，同时，响月亭作为枢纽，在云悠厅与一杆堂之间建立了联系，再加以周遭设廊，使得北园构造了往复回环的游线空间。北园与别墅住宅关系最为密切，因临水厅与露台的设置，可以从住宅内部进行观赏活动，且北园、东园依靠住宅的联系构建了上下两条回环游线。以南园、东园、北园的顺序，当在北园作结，北园与临水厅的勾连，促成了建筑周围南、东、北园的水脉与设计师在建筑内部设置的泳池、建筑南侧的天井"青瀑"的建筑内水脉相互贯通，至此以半地下室的临水亭和上层的露台为连接中心与四周的北园、东园、南园及西部别墅间的峡道构建完成了完整的宅园参照关系，如同山水画卷一般将别墅包裹在内，如视天地为屋宇，屋宇为衣裳，容园山水图卷的宅园景色，实与宗炳"卧游"之意相合，容园此处是谓"居游"。

入趣如画并行的审美意趣

两年前在张翼处看到容园的现场照片，即被这些看似熟悉又与我所熟悉的园林意象迥然不同的景物所吸引，惊讶于曲复廊、藕香榭、暗香亭等景物所呈现的传统与现代、朴素与雅致并存的意趣，这些由砖、钢管、水泥等普通的材料所建构的构筑物掩映在岭南浓绿肥红的花木之中别具山林气象。

参观过程中最令我动心的是云悠厅，从暗香亭开始沿着曲廊从高往下探寻，与杭州西湖天下景有与曲同工之妙，爬山廊两侧植入连续半圆形的混凝土浇筑的围墙和有山体之势的酒曲虽紧凑但不显得拥堵，做到既曲折有致又能够眼前有景，所有的张力在云悠厅得到纾解，在云悠厅既可以透过景窗凝视百果隅，也可以透过园门将响月亭收入其中，更重要的是能够品味酒曲建筑的山之势、小石潭的水之灵，在云悠厅除了可以感受到童先生所言的疏密得宜、曲折尽致和眼前有景之外，更深的感受是在云悠厅体悟到的山林之境，在云悠厅既有物理性的境，也有情感性的境域。容园的游赏如画与入趣并行。

常言道文如其人，品容园，也是如此，宝珍的个性与容园的景致融为一体，朴素中不乏精致，古拙中带有韧劲，内敛中蕴藏锋芒，传承中志在创新。

容园的时代价值与意义

造园到现当代发展成园林、景观或风景园林，孙晓翔、冯纪忠等先生在传承造园艺术手段的基础上结合现代园林的建设需求建构了适合中国城市建设的公园设计理论体系，并在花港观鱼、杭州植物园、方塔园等项目中实践，并将它传授给学生为社会培养了大量的专业技术人才，目前这些项目现在已成为现代公园建设的经典作品。这些作品是在国家经济建设水平不是很高、项目投资相对有限的前提下建成的，前辈们在有限的条件下将它打造成经典作品实属不易。

二十世纪九十年代中期开始，中国的城市化水平快速发展，随着城市规模的扩大和城市建设水平的提高，风景园林行业的发展遇到了前所未有的机遇，涌现出大量的项目，市场一片繁荣。虽然近二十建设了大量的公园，大多数项目难以成为经典的作品，原因是经济的高速发展也要求公园建设在短期内以最快的速度完成建设，大多数的设计师在追求效率的背景下会选择容易操作和易于推进项目的设计方法，比如注重理念、强调构图、规范生产等，再加上计算机辅助设计、效果图呈现等设计手段推动导致当代的园林设计逐渐偏离了造园的传统和营造的精神，很多项目已不具备打造经典作品的条件。

宝珍花七年的时间打琢容园，其工匠精神在大时代背景下显得非常的稀缺，践行《低技低造价建造研究》的理论更是难能可贵。事实上，随着经济的发展和建设项目投资的增加，不少项目的建设在材料选择、工程构造、景观呈现等方面都出现过度设计的现象，造成极大的浪费。在低成本造园上，宝珍对成本与品质的把控拿捏很是精到，作为园林研究的一个方向，值得我辈深入探索。钢柱、水泥压制砖、红砖、混凝土等普通材料经过宝珍的妙手变成既精致又有故事的景物，这些材料通过建构手段如砌体叠涩、镂空呈现出层次感、引入感，再辅以不同视角的光影变化，展现出娴熟的建构技巧与手段。

冯纪忠先生提出"与古为新"的命题并在方塔园的营造中实践，冯先生将现代主义建筑思想与中国传统文人造园相融合，冯先生的师古与创新的命题在容园得到延续。容园的意象是典型的中国式山林意趣，而具体的营造手段却又非常现代，将构造逻辑与山水经营结合在一起，以常见的砖、钢管、混凝土等现代材料营造出山林气象，它既需要高超的工程技艺，更需要有深厚的艺术素养。

在与覃池泉的访谈中宝珍提到："幼时随父亲习练书法、听爷爷吹奏长箫绘就苍松、看外公望闻问切"，"不会画画，但我读画论；无舌品茶，但我读陆羽；无钱古玩，但我读《长物志》；不善写作，但乐于《红楼》《文心》《诗品》等文学、文论及诗品词评"。游走于容园总能察觉一些熟悉的影子又不能一一对位，时而出现《静听松风图》的片段、时而出现《松下鸣琴图（局部）》的片段、时而又会出现《快雪时晴图（局部）》的片段……中国山水画中时常会跳跃、嫁接、错综到容园的营造当中，造园与绘画关系总是错综复杂，造园者总能从绘画中找到启示。

建筑师王宝珍在容园的造园实践中"师古与创新""粗料细做""匠心画境"的创作思想和"景由境出"的创作路径，是当下风景园林设计理论体系的发展方向之一，一方面需要更多的建筑师投入到造园活动当中，另一方面风景园林师必须学习建筑师对材料、构造、造价、工艺等工程技术的精准把握，改变将园林建筑简化为要素或者只求表皮装饰的风格化设计体系。园林与建筑之间可以有更多的联动，彼此之间找到共同点又能够形成各自的特色。

参考文献

[1]（明）计成著，陈植注释. 园冶注释 [M]. 第 2 版. 北京：中国建筑工业出版社，1988.5.
[2] 王绍增，论中西传统园林的不同设计方法：图面设计与时空设计. 风景园林，2006(06): 18-21.
[3] 参见本书专论，张翼，文质之间——建筑师王宝珍和他的容园。
[4] 孟兆祯. 园衍 [M]. 北京：中国建筑工业出版社，2012.10.
[5] 参见本书专论，覃池泉问宝珍。

学者简介

吴洪德

北京大学建筑设计及其理论硕士、同济大学博士候选人、苏州工艺美院教师

张　翼

北京大学建筑设计及其理论硕士、同济大学出版社「光明城」学术顾问

古德泉

北京林业大学园林专业农学士、华南农业大学植物学理学士、师从王绍增先生、华南农业大学林学与风景园林学院教师

覃池泉

北京大学人文地理硕士、苏州工艺美院教师、及物工作室主持建筑师

图书在版编目（CIP）数据

造园实录/王宝珍著 .－－ 上海：同济大学出版社，
2017.10
  ISBN 978－7－5608－7273－5

  Ⅰ . ①造 ... Ⅱ . ①王 ... Ⅲ . ①园林设计－中国－图集
Ⅳ . ① TU986.2－64

中国版本图书馆 CIP 数据核字（2017）第 204075 号

造园实录

王宝珍　著

出 版 人：华春荣
策　　划：秦　蕾／群岛工作室
责任编辑：李　争
责任校对：徐春莲
装帧设计：詹国圣　张　微
版　　次：2017 年 10 月第 1 版
印　　次：2018 年 10 月第 2 次印刷
印　　刷：北京翔利印刷有限公司
开　　本：787mm×1092mm 1/16
印　　张：17
字　　数：424 000

书号：ISBN978－7－5608－7273－5
定　价：118.00 元

出版发行：同济大学出版社
地　　址：上海市杨浦区四平路 1239 号
邮政编码：200092
网　　址：http://www.tongjipress.com.cn
经　　销：全国各地新华书店
本书若有印刷质量问题，请向本社发行部调换。

因园工坊邮箱：646888570@qq.com